四川省工程建设地方标准

四川省防水工程施工工艺规程

Technical specification of construction for waterproof
engineering in Sichuan Province

DB51/T5037 – 2017

主编部门： 四 川 省 住 房 和 城 乡 建 设 厅
批准部门： 四 川 省 住 房 和 城 乡 建 设 厅
施行日期： 2 0 1 7 年 1 2 月 1 日

西南交通大学出版社

2017 成 都

图书在版编目（CIP）数据

四川省防水工程施工工艺规程 /四川建筑职业技术学院主编. 一成都：西南交通大学出版社，2018.1
（四川省工程建设地方标准）
ISBN 978-7-5643-5912-6

Ⅰ. ①四… Ⅱ. ①四… Ⅲ. ①建筑防水 – 工程施工 –技术规范 – 四川 Ⅳ. ①TU761.1-65

中国版本图书馆 CIP 数据核字（2017）第 289596 号

四川省工程建设地方标准

四川省防水工程施工工艺规程

主编单位　四川建筑职业技术学院

责 任 编 辑	姜锡伟	
助 理 编 辑	王同晓	
封 面 设 计	原谋书装	
出 版 发 行	西南交通大学出版社	
	（四川省成都市二环路北一段 111 号	
	西南交通大学创新大厦 21 楼）	
发 行 部 电 话	028-87600564　028-87600533	
邮 政 编 码	610031	
网　　　　址	http://www.xnjdcbs.com	
印　　　刷	成都蜀通印务有限责任公司	
成 品 尺 寸	140 mm×203 mm	
印　　　张	3.5	
字　　　数	89 千	
版　　　次	2018 年 1 月第 1 版	
印　　　次	2018 年 1 月第 1 次	
书　　　号	ISBN 978-7-5643-5912-6	
定　　　价	30.00 元	

关于发布工程建设地方标准
《四川省防水工程施工工艺规程》的通知

川建标发〔2017〕600 号

各市州及扩权试点县住房城乡建设行政主管部门，各有关单位：

由四川建筑职业技术学院主编的《四川省防水工程施工工艺规程》已经我厅组织专家审查通过，现批准为四川省推荐性工程建设地方标准，编号为：DB51/T 5037－2017，自 2017 年 12 月 1 日起在全省实施。原《防水工程施工工艺规程》DB51/T 5037－2007 于本规程实施之日起作废。

该标准由四川省住房和城乡建设厅负责管理，四川建筑职业技术学院负责技术内容解释。

四川省住房和城乡建设厅
2017 年 8 月 15 日

前　言

　　《四川省防水工程施工工艺规程》DB51/T 5037—2017 是根据四川省住房和城乡建设厅《关于下达四川省工程建设地方标准〈四川省防水工程施工工艺规程〉修订计划的通知》（川建标发〔2015〕681 号）文件要求，由四川建筑职业技术学院会同有关单位，在《防水工程施工工艺规程》DB51/T 5037—2007 的基础上共同修订完成的。

　　本规程在修订过程中，修订组进行了较为广泛的调查研究，总结了四川省防水工程施工的经验，参考了省内外相关资料，经过了多次征求意见后修订定稿。

　　本规程共分 13 章和 2 个附录。主要技术内容是：总则，术语，基本规定，地下防水混凝土施工，地下水泥砂浆防水层，地下卷材防水层，地下涂料防水层，地下金属板防水层，地下膨润土防水材料防水层，厨房、厕浴间防水层，外墙水泥砂浆防水层，外墙拼缝防水，质量记录。

　　本规程修订的主要技术内容是：1. 增加了地下膨润土防水材料防水层；2. 增加了质量记录；3. 删除外墙涂料防水层；4. 根据国家标准《地下工程防水技术规范》GB 50108—2008、《地下防水工程质量验收规范》GB 50208—2011、《建筑工程施工质量验收统一标准》GB50300—2013，以及建筑工程行业技术规范《建筑外墙防水防护技术规程》JGJ/T 235—2011 和《住宅室内防水工程技术规范》JGJ 298—2013，结合我省实际情况对相关内容进行了修订。

　　本规程由四川省住房和城乡建设厅负责管理，四川建筑职业技术学院负责具体技术内容的解释。在实施过程中，望相关单位注意积累资料和经验，若有意见或建议，请函告四川建筑职业技术学院（地址：四川省德阳市嘉陵江西路 4 号；邮编：618000；电话：0838-2653027；邮箱：452609768 @qq.com ）。

　　主 编 单 位： 四川建筑职业技术学院

　　参 编 单 位： 四川省第四建筑工程公司

　　主要起草人： 万　健　　李　辉　　陈跃熙　　李雪梅

　　　　　　　　　吴俊峰　　高建华　　刘鉴秾　　颜有光

　　　　　　　　　林文剑　　冯昱燃　　任冬颖

　　主要审查人： 黄光洪　　廖志华　　秦建国　　刘建国

　　　　　　　　　夏　葵　　徐存光　　唐忠茂

目　次

Contents

1 总 则

1.0.1 为了贯彻执行现行国家标准《建筑工程施工质量验收统一标准》GB 50300、《屋面工程质量验收规范》GB 50207、《屋面工程技术规范》GB 50345《地下防水工程质量验收规范》GB 50208和《地下工程防水技术规范》GB 50108，加强建筑工程质量管理，保证工程质量，提高我省防水工程施工技术水平，制定本施工工艺规程。

1.0.2 本规程适用于四川省境内建筑工程的防水工程施工及工程质量控制。

1.0.3 地下防水工程施工应优先采用可靠的新技术、新工艺、新材料、新设备，坚持因地制宜，综合考虑施工条件和环境等因素，精心施工，严格检查。

1.0.4 防水工程的施工和工程质量控制，除应执行本规程外，尚应符合国家现行的有关标准的规定。

2 术 语

2.0.1 防水等级 waterproof rank

根据工程的重要性和使用中对防水的要求，所确定设防等级标准。

2.0.2 地下防水工程 underground waterproof works

指对房屋建筑、防护工程、市政隧道、地下铁道等建（构）筑物，进行防水设计、防水施工和维护管理等各项技术工作的工程实体。

2.0.3 可操作时间 operational time

单组分材料从容器打开或多组分材料从混合起，至不适宜施工的时间。

2.0.4 凝胶时间 gel time

浆液自配制或混合时起至不流动时的时间。

2.0.5 胎体增强材料 reinforcement fiber material

是指在涂料防水层中起增强作用的化纤无纺布、玻璃纤维网格布等材料

2.0.6 密封材料 sealing material

能承受接缝位移以达到气密、水密目的而嵌入建筑接缝中的材料。

2.0.7 刚性防水层 rigid waterproof layer

采用较高强度和无延伸能力的防水材料，如防水砂浆、防水混凝土构成的防水层。

2. 0. 8   柔性防水层   flexible waterproof layer

采用具有一定柔韧性和较大延伸率的防水材料，如防水卷材、有机防水涂料构成的防水层。

2. 0. 9   钢板防水层   steel plate waterproof layer

用薄钢板焊成四周及底部封闭的防水箱套，紧贴于防水结构的表面起防水作用的防水层。

2. 0. 10   变形缝   joint

土木工程中结构部分或全部分离的建筑结构单元之间在因温度、沉降、地震等作用产生相对微量位移时，防止其建筑结构、整体观感、使用功能发生质量损坏的一种建筑构造措施，它包含温度伸缩缝、沉降缝与抗震缝。

2. 0. 11   防水止水带   waterproofing stop

主要有橡胶型、金属、塑料等材质的防水止水带，其作用是在建筑变形缝、施工缝、后浇带等处的两侧因内、外力作用而产生相对微量变形时，能确保防水功能不致遭到破坏。

2. 0. 12   后浇带   post pouring belt

是一种混凝土刚性接缝，适用于不宜设置柔性变形缝以及后期变形趋于稳定的结构。

2. 0. 13   分格缝   grid expansion joint

为了减少裂缝，在屋面找平层、刚性防水层、刚性保护层上留设的缝。

2. 0. 14   背衬材料   backing material

用于控制密封材料的嵌缝深度，防止密封材料和接缝底部黏结而设置的可变形材料。

3 基本规定

3.0.1 防水工程按建筑部位分为：屋面防水工程、地下防水工程、厨房、厕浴间防水工程和外墙防水工程。其中，屋面防水工程见《屋面工程施工工艺规程》DB51/T 5036，地下防水工程、浴厕间防水工程和外墙防水工程的施工工艺见本规程。

3.0.2 防水工程应根据建筑物的性质、重要程度、使用功能要求以及防水层合理使用年限等，将防水分为不同等级，按不同等级进行设防。

3.0.3 防水工程应根据工程特点、地区自然条件等，按照防水等级的设防要求，进行防水构造设计，重要部位应有详图。防水的细部，如阴阳角、变形缝、穿管等部位应设置附加层。

3.0.4 防水工程施工前应通过图纸会审，施工单位应编制专项施工方案或施工技术措施。施工方案或施工技术措施中应明确防水工程的质量标准，确定施工区域、施工顺序、施工进度、施工工艺和作业规定，以及主要节点的施工方法和保证质量的技术措施，并应根据工程作业特点和所采用的材料特点，制订符合环保、职业健康安全要求的各项措施。

3.0.5 防水工程所采用的材料应符合现行国家或行业标准的有关规定（见附录 A），新材料按规定应予以鉴定，并有产品合格证和性能检测报告。材料进场后，应按规定抽样复检（见附录 B），提出检验报告，合格后方准在工程上使用。

3.0.6 防水工程的施工必须由具有相应资质的专业队伍进行施工。

3.0.7 防水施工时，应进行过程控制和质量检查，应建立各道工序的自检、交接检和专职人员检查的"三检"制度，并有完整的检查记录。每道工序完成后，应经建设单位或监理工程师检查验收，合格后方可进行下道工序。当下道工序或相邻工程施工时，对已完成的部分应采取保护措施，避免损坏和污染。

3.0.8 伸出基层的管道、设备或预埋件等，应在防水层施工前安设完毕。防水层完工后，应采取措施及时保护，严禁在其上凿孔、打洞或用重物冲击。

3.0.9 防水工程施工完成后，应按现行有关质量验收标准进行检查验收。

3.0.10 涂膜防水层应以厚度表示，不得以涂刷遍数表示。

4 地下防水混凝土施工

4.1 一般规定

4.1.1 防水混凝土适用于地下工程结构主体防水，应符合下列规定：

1 环境温度不得高于 80 ℃。

2 不易受强烈震动或冲击。

3 裂缝宽度不得大于 0.2 mm，并不得贯通。

4 处于侵蚀性介质中，防水混凝土的耐侵蚀性要求应符合现行国家标准《工业建筑防腐蚀设计规范》GB 50046 和《混凝土结构耐久性设计规范》GB 50476 的有关规定。

5 结构厚度大于 250 mm。

6 钢筋保护层厚度应根据结构的耐久性和工程环境选用，迎水面钢筋保护层厚度不应小于 50 mm。

4.1.2 地下工程防水等级分为 4 级，应符合表 4.1.2 的规定。

表 4.1.2 地下工程防水等级

项目	地下工程防水等级			
	1 级	2 级	3 级	4 级
防水标准	不允许渗水，结构表面无湿渍	不允许渗水，结构表面可允许有少量湿渍。 房屋建筑地下工程：湿渍总面积不大于总防水面积（包括顶板、墙面、地面）的 1‰；任意 100 m² 防水面积上的湿渍不超过 2 处，单个湿渍的最大面	有少量漏水点，不得有线流和漏泥砂。 任意 100 m² 防水面积上漏水或湿渍点数不超过 7 处，单个漏水点的漏水量不大于 2.5 L/d，单个	有漏水点，不得有线流和漏泥砂。 整个工程平均漏水量不大于 2 L/（m²·d）；任意 100 m² 防水面积的平均漏水量不大于 4 L/（m²·d）

项目	地下工程防水等级			
	1 级	2 级	3 级	4 级
防水标准	不允许渗水，结构表面无湿渍	积不大于 0.1 m^2。 其他地下工程：湿渍总面积不大于总防水面积的 2‰；任意 100 m^2 防水面积上的湿渍不超过 3 处，单个湿渍面积不大于 0.2 m^2	湿渍面积不大于 0.3 m^2	
设防要求	三道或三道以上设防	二道设防	一道设防或复合设防	—

4.1.3 防水混凝土结构底板的混凝土垫层，强度等级不应小于 C15，厚度不应小于 100 mm，在软弱土层中不应小于 150 mm。

4.1.4 地下工程防水的设计和施工必须符合环境保护的要求，并采取相应措施。

4.1.5 现场施工负责人和施工员必须重视安全生产，落实安全施工责任制度、安全施工教育制度、安全施工交底制度、施工机具设备安全管理制度等。并落实到岗位，责任到人。

4.2 施工准备

4.2.1 施工前应做好下列技术准备：

1 熟悉图纸及相关技术文件。

2 编制施工方案，确定施工工艺流程，并做好技术交底，以及质量检验和评定的准备工作。

3 进行材料检验，并合格。

4 完成混凝土配合比设计。

4.2.2 施工前准备的主要机具应包括混凝土搅拌机、混凝土输送泵管、混凝土固定泵车、手推车、振捣器、溜槽、串桶、铁锹、铁板、吊斗、计量器具、台秤等。

4.2.3 施工前应具备下列作业条件：

1 钢筋、模板工序已完成，并经过监理检查，办理了隐蔽工程验收，模板提前浇水润湿，并将模板内的杂物清理干净。

2 所需的工具、机械设备齐全，并经检修试验后备用。

3 技术交底已完成。

4 材料已检验，配合比已确定。

5 做好基坑降排水和降低地下水位工作，防止地面水流入基坑，要保持地下水位在施工底面最低标高以下不少于 50 cm。

6 运输路线、浇筑顺序均已确定。

7 预埋件、穿墙管、止水带等应安装完毕。

4.3 材料和质量要求

4.3.1 地下防水混凝土的材料应符合下列规定。

1 水泥：水泥品种应按设计要求选用。在不受侵蚀性介质和冻融作用时，宜采用普通硅酸盐水泥或硅酸盐水泥，采用其他品种水泥时应经试验确定；在受侵蚀性介质作用时，应按介质的性质选用相应的水泥品种。不得使用过期或受潮结块的水泥，并不得将不同品种或强度等级的水泥混合使用。

2 粗骨料：碎石或卵石的粒径宜为 5 mm ~ 40 mm，含泥量不得大于 1.0%，泥块含量不得大于 0.5%。泵送时其最大粒径应为输送管径的 1/4，吸水率不应大于 1.5%，不得使用碱活性骨料。其他要求应符合现行行业标准《普通混凝土用砂、石质量及检验方法标准》JGJ 52 的规定。

3 细骨料：宜用中砂，含泥量不得大于 3.0%，泥块含量不得大于 1.0%。其他要求应符合现行行业标准《普通混凝土用砂、石质量及检验方法标准》JGJ 52 的规定。

4 水：应采用不含有害物质的洁净水，应符合现行行业标准《混凝土用水标准》JGJ 63 的规定。

5 外加剂：技术性能应符合国家标准一等品及以上的质量要求。

6 掺合料：粉煤灰的级别不应低于 Ⅱ 级，掺量不宜大于 20%，硅粉掺量不应大于 3%，其他掺合料的掺量应通过试验确定。

7 每立方米防水混凝土各类材料总碱量（Na_2O 当量）不得大于 3 kg，混凝土拌合物的氯离子含量不应超过胶凝材料总量的 0.1%。

4.3.2 地下防水混凝土的质量应符合下列规定：

1 所用外加剂应有出厂合格证和使用说明书，现场复验其各项性能指标应合格。

2 混凝土拌制时，各组成材料的计量应准确。

3 混凝土在浇筑地点的坍落度检测，每工作班至少两次。泵送混凝土在交货地点的入泵坍落度，每工作班至少检查两次。掺引气型外加剂的防水混凝土，还应测定其含气量。

4 模板尺寸准确，模板及支撑牢固，拼缝严密，模板内无杂物。

5 配筋、钢筋保护层、预埋件、穿墙管等细部构造符合设计要求，检验合格后填写隐蔽验收单。

6 混凝土拌合物在运输、浇筑过程中应避免产生离析现象，观察浇捣施工质量，发现问题及时纠正。

7 混凝土按规定方法养护。

8 防水混凝土抗渗性能，应采用标准条件下养护混凝土抗渗试件的试验结果评定。试件应在浇筑地点随机取样后制作。连续浇筑混凝土每 500 m³ 应留置一组抗渗试件（一组为 6 个抗渗试件），且每项工程不得少于两组；采用预拌混凝土的抗渗试件，留置组数应视结构的规模和要求而定。抗渗性能试验应符合现行国家标准《普通混凝土长期性能和耐久性能试验方法标准》GB/T 50082 的规定。

4.4 施工工艺及作业规定

4.4.1 地下防水混凝土的施工应按图 4.4.1 的流程进行

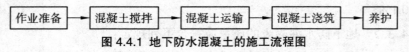

图 4.4.1 地下防水混凝土的施工流程图

4.4.2 地下防水混凝土施工应符合下列规定：

1 模板应平整，拼缝严密，并应有足够的刚度、强度，吸水性要小，支撑牢固，装拆方便，宜用钢模、木模。采用对拉螺栓固定模板时，应在螺栓中间加焊止水片（图 4.4.2-1）。

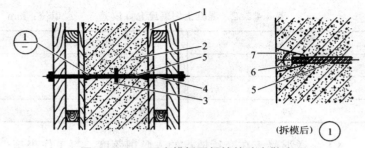

(拆模后) ①

图 4.4.2-1 固定模板用螺栓的防水做法

1—模板；2—结构混凝土；3—止水片；4—工具式螺栓；

5—固定模板用螺栓；6—密封材料；7—聚合物水泥砂浆

2 混凝土搅拌应符合下列规定：

1）防水混凝土拌合物必须采用机械搅拌，搅拌时间不应小于 2 min，掺外加剂时，应适当延长搅拌时间，一般为 3 min。

2）严格按确定的施工配合比，准确称量各组成材料，并按规定投料顺序投入混凝土搅拌机。外加剂的掺加方法应遵从所选外加剂的使用要求。每工作班检查不应少于两次，且每盘混凝土各组成材料计量允许偏差应符合表 4.4.2-1 的规定。

表 4.4.2-1 混凝土组成材料计量结果允许偏差　　单位：%

混凝土组成材料	每盘计量	累计计量
水泥、掺合物	±2	±1
粗、细骨料	±3	±2
水、外加剂	±2	±1

注：累计计量仅适用于计算机控制计量的搅拌站。

3）混凝土在浇筑地点的坍落度，每工作班至少检查两次。混凝土实测的坍落度与要求的坍落度之间的允许偏差应符合表 4.4.2-2 的规定。

表 4.4.2-2 混凝土坍落度允许偏差　　单位：mm

规定坍落度	允许偏差
≤40	± 10
50 ~ 90	± 15
>90	± 20

4）泵送混凝土在交货地点的入泵坍落度，每工作班至少检查两次。混凝土入泵时的坍落度允许偏差应符合表 4.4.2-3 的规定。

表 4.4.2-3 混凝土入泵时的坍落度允许偏差　　单位：mm

所需坍落度	允许偏差
≤100	± 20
>100	± 30

3 防水混凝土拌合物应以最少转载次数和最短时间，从搅拌地点运输到浇筑地点，防水混凝土拌合物在运输后如出现离析，必须进行二次搅拌。当坍落度损失后不能满足施工要求时，应加入原水胶比的水泥浆或掺加同品种的减水剂进行搅拌，严禁直接加水。经以上处理仍达不到要求时，混凝土不得用于该工程。

4 混凝土浇筑与振捣应符合下列规定。

1）防水混凝土浇筑前，应认真清理干净模板内的杂物和钢筋上的油污、泥浆等，对模板的缝隙和孔洞应予堵严；若为木模板，还应浇水湿润，但不得积水。

2）柱、墙模板内的混凝土浇筑时，当无可靠措施保证混凝土不产生离析，其自由倾落高度应符合以下规定：粗骨料料径大于 25 mm 时，不超过 3 m；粗骨料料径不大于 25 mm 时，不超过

6 m。否则应使用串筒、溜槽或导管等工具，以防产生石子堆积，影响质量。在结构中若有密集管群，以及预埋件或钢筋稠密之处，混凝土浇筑振捣不易密实时，可改用相同抗渗等级的细石混凝土，以保证质量。

3）混凝土应分层浇筑。当用插入式振捣器时，浇筑层厚度为振捣器作用部分长度的 1.25 倍；当用表面式振动器时，浇筑层厚度为 200 mm。

4）防水混凝土应采用机械振捣密实，其振捣时间宜为 10 s～30 s，以混凝土开始泛浆和不冒气泡为准，并应避免漏振、欠振和超振。

5）防水混凝土的浇筑应连续进行。必须间歇时，尽量减少留设施工缝。当分层浇筑时，防水混凝土应分层连续浇筑，分层厚度不得大于 500 mm。应在前层混凝土初凝之前，将次层混凝土浇捣完毕。

5 施工缝的留设应符合下列规定。

1）防水混凝土应连续浇筑，宜少留施工缝。当留设施工缝时，应遵守下列规定：

墙体水平施工缝不应留在剪力最大处或底板与侧墙的交接处，应留在高出底板表面不小于 300 mm 的墙体上。拱（板）墙结合的水平施工缝，宜留在拱（板）墙接缝线以下 150 mm～300 mm 处。墙体有预留孔洞时，施工缝距孔洞边缘不应小于 300 mm。垂直施工缝应避开地下水和裂隙水较多的地段，并宜与变形缝相结合。

2）施工缝的防水构造形式可做成不同形式，如埋设膨胀止水条、外贴防水层、中埋止水带、预埋注浆管等。水平施工缝防水构造形式宜按图 4.4.2-2（a）、（b）、（c）、（d）选用，当采用两种以上构造措施时可进行有效组合。

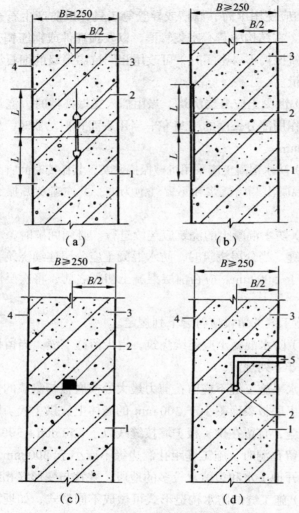

图 4.4.2-2 水平施工缝防水构造

（a）钢板止水带 $L \geqslant 150$；橡胶止水带 $L \geqslant 200$；钢边橡胶止水带 $L \geqslant 120$；
1—先浇混凝土；2—中埋止水带；3—后浇混凝土；4—结构迎水面

14

（b）外贴止水带 $L \geqslant 150$；外涂防水涂料 $L = 200$；外抹防水砂浆 $L = 200$；

  1—先浇混凝土；2—外贴止水带；3—后浇混凝土；4—结构迎水面

（c）1—先浇混凝土；2—遇水膨胀止水条（胶）；3—后浇混凝土；

  4—结构迎水面

（d）1—先浇混凝土；2—预埋注浆管；3—后浇混凝土；

  4—结构迎水面；5—注浆导管

  3）水平施工缝浇筑混凝土前，应将其表面浮浆和杂物清除，然后铺设净浆或涂刷混凝土界面处理剂、水泥基渗透结晶型防水涂料等材料，再铺 30 mm～50 mm 厚的 1：1 水泥砂浆或涂刷混凝土界面处理剂，并及时浇筑混凝土；垂直施工缝浇筑混凝土前，应将其表面清理干净，再涂刷混凝土界面处理剂或水泥基渗透结晶型防水涂料，并应及时浇筑混凝土。遇水膨胀止水条（胶）应与接缝表面密贴，选用的遇水膨胀止水条（胶）应具有缓胀性能，其 7 d 的膨胀率不宜大于最终膨胀率的 60%，最终膨胀率宜大于 220%；采用中埋式止水带或预埋式注浆管时，应定位准确、固定牢靠。

  6 防水混凝土终凝后应立即覆盖并浇水，进行养护，养护时间不得少于 14 d，在养护期间应使混凝土表面保持湿润。

  7 冬期施工应符合下列规定：

   1）混凝土入模温度不应低于 5 ℃；

   2）宜采用综合蓄热法、蓄热法、暖棚法、掺化学外加剂等养护方法，不得采用电热法或蒸气直接加热法；

   3）应采取保湿保温措施。

  8 防水混凝土不宜过早拆模，拆模后应及时回填。回填土应分层夯实，并严格按照施工规范的要求操作。

4.4.3 地下工程防水混凝土结构细部构造包括穿墙管、变形缝、后浇带与埋设件，并应符合下列规定。

1 穿墙管（盒）应符合下列规定：

1）穿墙管（盒）应在浇筑混凝土前预埋。

2）穿墙管与内墙角、凹凸部位的距离应大于 250 mm。

3）结构变形或管道伸缩量较小时，穿墙管可采用主管直接埋入混凝土内的固定式防水法，主管应加焊止水环或环绕遇水膨胀止水圈，并应在迎水面预留凹槽，槽内应采用密封材料嵌填密实。其防水构造形式宜采用图 4.4.3-1。

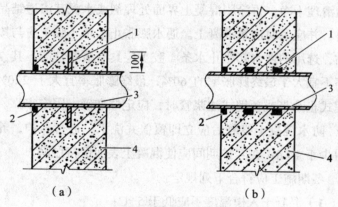

（a） （b）

图 4.4.3-1 固定式穿墙管防水构造

（a）1—止水环；2—密封材料；3—主管；4—混凝土结构

（b）1—遇水膨胀止水圈；2—密封材料；3—主管；4—混凝土结构

4）穿墙管防水施工时应符合下列规定：

① 金属止水环应与主管或套管满焊密实,采用套管式穿墙防水

构造时，翼环与套管应满焊密实，并应在施工前将套管内表面清理干净；

② 相邻穿墙管间的间距应大于 300 mm；

③ 采用遇水膨胀止水圈的穿墙管，管径宜小于 50 mm，止水圈应采用胶黏剂满粘固定于管上，并应涂缓胀剂或采用缓胀型遇水膨胀止水圈。

2 变形缝应符合下列规定：

1）变形缝应满足密封防水、适应变形、施工方便、检修容易等要求，用于伸缩的变形缝宜少设，可根据不同的工程结构类别、工程地质情况采用后浇带、加强带、诱导缝等替代措施。

2）变形缝处混凝土结构的厚度不应小于 300 mm，在结构中心处埋设中埋式止水带，详见图 4.4.3-2、图 4.4.3-3。环境温度高于 50 °C 处的变形缝，中埋式止水带可采用金属制作，详见图 4.4.3-4。

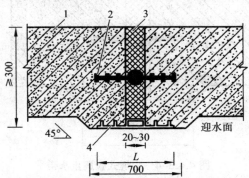

图 4.4.3-2　中埋式止水带与外贴防水层复合使用

外贴式止水带 $L \geqslant 300$；外贴防水卷材 $L \geqslant 400$；外涂防水涂层 $L \geqslant 400$

1—混凝土结构；2—中埋式止水带；3—填缝材料；4—外贴止水带

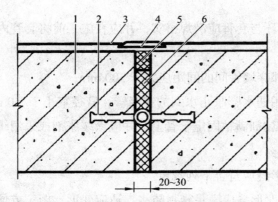

图 4.4.3-3　中埋式止水带与嵌缝材料复合使用

1—混凝土结构；2—中埋式止水带；3—防水层

4—隔离层；5—密封材料；6—填缝材料

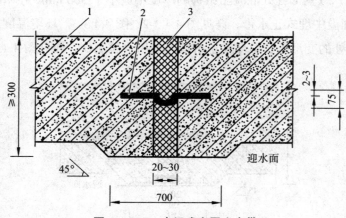

迎水面

图 4.4.3-4　中埋式金属止水带

1—混凝土结构；2—金属止水带；3—填缝材料

3）止水带在混凝土浇筑前，必须妥善地固定在专用的钢筋

套中，见图 4.4.3-5。止水带的接槎不得留在转角处，宜设在边墙较高部位。止水带应无裂缝和气泡，接头宜采用热压焊，不得叠接。接缝平整、牢固。不得有裂口和脱胶现象。中埋式止水带埋设位置应准确，其中间空心圆环与变形缝的中心线重合，止水带不得穿孔或用铁钉固定。

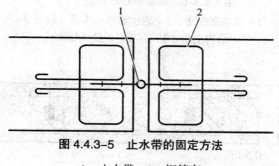

图 4.4.3-5 止水带的固定方法

1—止水带；2—钢筋套

4）变形缝设置中埋式止水带时，混凝土浇筑前应校正止水带位置，表面清理干净，止水带损坏处应修补；顶、底板止水带的下侧混凝土应振捣密实，边墙止水带内外侧混凝土应均匀，保持止水带位置正确，平直，无卷曲现象。

3 后浇带应符合下列规定：

1）后浇带应设在受力和变形较小的部位，其间距和位置应按结构设计要求确定，宽度宜为 700 mm ~ 1 000 mm。

2）后浇带两侧可做成平直缝或阶梯缝，其防水构造形式宜采用图 4.4.3-6、图 4.4.3-7、图 4.4.3-8。

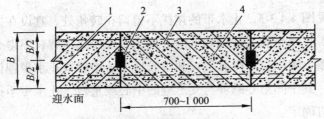

图 4.4.3-6　后浇带防水构造（1）

1—先浇混凝土；2—遇水膨胀止水条（胶）；

3—结构主筋；4—后浇补偿收缩混凝土

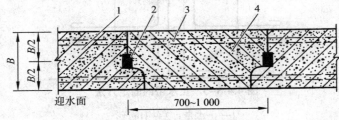

图 4.4.3-7　后浇带防水构造（2）

1—先浇混凝土；2—遇水膨胀止水条（胶）；

3—结构主筋；4—后浇补偿收缩混凝土

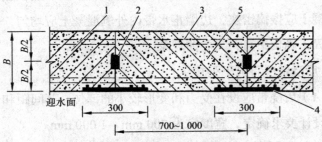

图 4.4.3-8　后浇带防水构造（3）

1—先浇混凝土；2—遇水膨胀止水条（胶）；3—结构主筋；

4—外贴式止水带；5—后浇补偿收缩混凝土

3）后浇带的施工应符合下列规定：

① 后浇带混凝土浇筑时间、接缝处理应符合设计要求。

② 后浇带混凝土施工前，严防落入杂物和损伤外贴式止水带。

③ 采用膨胀剂拌制补偿收缩混凝土时，应按配合比准确计量。

④ 后浇带两侧的接缝处理应符合本规程第 4.4.2 条第 5 款的规定。

⑤ 后浇带混凝土应一次浇筑，不得留设施工缝。混凝土浇筑后应及时养护，养护时间不得少于 28 d。

4 埋设件应符合下列规定：

1）结构上的埋设件宜预埋或预留孔（槽）。

2）埋设件端部或预留孔（槽）底部的混凝土厚度不得小于 250 mm，当厚度小于 250 mm 时，应采取局部加厚或其他防水措施，见图 4.4.3-9。

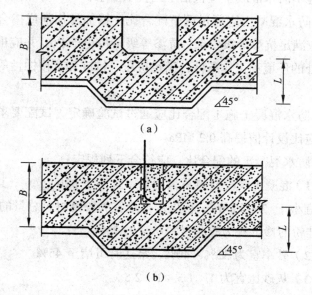

（a）

（b）

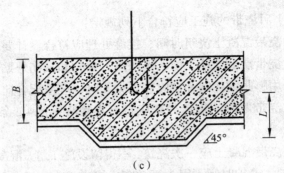

（c）

图 4.4.3-9 预埋件或预留孔（槽）处理示意图（L≥250）

（a）预留槽；（b）预留孔；（c）预埋件

3）预留孔（槽）内的防水层，宜与孔（槽）外的结构防水层保持连续。

4.4.4 地下防水混凝土应包括下列技术要求：

1 防水混凝土应通过调整配合比，掺加外加剂或掺合料配制而成，应满足抗渗等级要求，抗渗等级不得小于 P6，并应根据地下工程所处的环境和工作条件，满足抗压、抗冻和抗侵蚀性等耐久性要求。

2 防水混凝土施工配合比应通过试验确定，试配要求的抗渗水压值应比设计值提高 0.2 MPa。

3 防水混凝土的配合比，应符合下列规定：

1）混凝土胶凝材料总量用量不宜小于 320 kg/m^3，其中水泥用量不宜小于 260 kg/m^3，粉煤灰掺量宜为胶凝材料总量的 20%～30%，硅粉的掺量宜为胶凝材料总量的 2%～5%。

2）砂率宜为 35%～40%，泵送时可增至 45%。

3）灰砂比宜为 1∶1.5～1∶2.5。

4）水胶比不得大于 0.50，有侵蚀性介质时水胶比不宜大于 0.45。

5）普通防水混凝土坍落度不宜大于 50 mm。防水混凝土采用预拌混凝土时，入泵坍落度宜控制在 120 mm～160 mm，入泵前坍落度每小时损失值不应大于 20 mm，坍落度总损失值不应大于 40 mm。

6）掺引气剂或引气型减水剂时，混凝土含气量应控制在 3%～5%。

7）防水混凝土采用预拌混凝土时，初凝时间宜为 6 h～8 h。

4 严格控制混凝土表面裂缝宽度，规定的裂缝宽度允许值为 0.2 mm，并不得贯通。

5 防水混凝土可根据抗裂需要掺入钢纤维或合成纤维。

6 使用减水剂时，减水剂宜配制成一定浓度的溶液。

4.4.5 地下防水混凝土浇筑后应做好下列保护：

1 防水混凝土浇筑后严禁打洞。

2 混凝土强度未达到 1.2 MPa 之前，不得在其上踩踏或堆载。

4.5 质量标准

4.5.1 防水混凝土分项工程检验批的抽样检验数量，应按混凝土外露面积每 100 m² 抽查 1 处，每处 10 m²，且不得少于 3 处。

4.5.2 主控项目及检验方法应包括下列内容。

1 防水混凝土的原材料、配合比及坍落度必须符合设计要求。

检验方法：检查产品合格证、产品性能检测报告、计量措施和材料进场检验报告。

2 防水混凝土的抗压强度和抗渗性能必须符合设计要求。

检验方法：检查混凝土抗压强度、抗渗性能检验报告。

3 防水混凝土的施工缝、变形缝、后浇带、穿墙管、埋设件等设置和构造必须符合设计要求。

检验方法：观察检查和检查隐蔽工程验收记录。

4.5.3 一般项目及检验方法应包括下列内容：

1 防水混凝土结构表面应坚实、平整，不得有露筋、蜂窝等缺陷，埋设件位置应准确。

检验方法：观察检查。

2 防水混凝土结构表面的裂缝宽度不应大于 0.2 mm，且不得贯通。

检验方法：用刻度放大镜检查。

3 防水混凝土结构厚度不应小于 250 mm，其允许偏差为 + 8 mm，− 5 mm；主体结构迎水面钢筋保护层厚度不应小于 50 mm，其允许偏差为 ± 5 mm。

检验方法：尺量检查和检查隐蔽工程验收记录。

5 地下水泥砂浆防水层

5.1 一般规定

5.1.1 水泥砂浆防水层适用于地下工程主体结构的迎水面或背水面。不适用于受持续振动或环境温度高于 80 ℃ 的地下工程。

5.1.2 水泥防水砂浆应包括聚合物水泥防水砂浆、掺外加剂或掺合料的防水砂浆等。施工方法可以采用人工多层抹压法或机械喷涂法。

5.1.3 聚合物水泥砂浆厚度：单层施工时厚度宜为 6 mm~8 mm；双层分层施工时，总厚度宜为 10 mm~12 mm。掺外加剂或掺合料的防水砂浆厚度宜为 18 mm~20 mm。

5.1.4 水泥砂浆防水层的基层混凝土强度或砌体用的砂浆强度均不应低于设计值的 80%。

5.1.5 水泥砂浆防水层应在基础垫层、初期支护、围护结构及内衬结构验收合格后方可施工。

5.1.6 水泥砂浆防水层不得在雨天及五级以上大风中施工。冬期施工时，气温不宜低于 5 ℃。夏季不宜在 30 ℃ 以上或烈日照射下施工。

5.2 施工准备

5.2.1 施工前应做好下列技术准备：

　1 施工前应进行技术交底和作业人员上岗培训。

2 根据技术要求确定各组成材料品种及需用计划。

3 确定配合比及计量方法。

5.2.2 施工前准备的主要机具应包括砂浆搅拌机、喷涂机械、灰板、铁抹子、阴阳角抹子、半截大桶、钢丝刷、软毛刷、八字靠尺、榔头、尖凿子、铁锹、笤帚、捻錾子、木抹子、刮杆等。

5.2.3 施工前应具备下列作业条件：

1 符合施工要求。

2 当工程处于地下水位以下时，应将水位降到抹面层以下，并满足作业条件。

3 地下防水施工期间做好排水，直至防水工程全部完工为止。

4 施工前应将预埋件、穿墙管的预留凹槽内嵌填密封材料后，再抹防水砂浆。

5 基层表面应平整、坚实、粗糙、清洁，并充分湿润，无积水。

5.3 材料和质量要求

5.3.1 地下水泥砂浆防水层的材料应符合下列规定：

1 应使用硅酸盐水泥、普通硅酸盐水泥或特种水泥，不得使用过期或受潮结块的水泥。

2 砂宜采用中砂，含泥量不得大于 1%，硫化物和硫酸盐含量不应大于 1%。

3 拌制水泥砂浆所用的水，应符合国家现行标准《混凝土用水标准》JGJ 63 的有关规定。

4 聚合物乳液应为均匀液体，无杂质、无沉淀、不分层。聚合物乳液的质量要求应符合国家现行标准《建筑防水涂料用聚合物

26

乳液》JC/T 1017 的有关规定。

5 外加剂的技术性能应符合现行国家有关标准的质量要求。

6 水泥应有出厂合格证和复检报告。

7 防水砂浆主要性能应符合表 5.3.1 的要求。

表 5.3.1 防水砂浆主要性能要求

防水砂浆种类	黏结强度/MPa	抗渗性/MPa	抗折强度/MPa	干缩率/%	吸水率/%	冻融循环/次	耐碱性	耐水性/%
掺外加剂、掺合料的防水砂浆	>0.6	≥0.8	同普通砂浆	同普通砂浆	≤3	>50	10%NaOH溶液浸泡14 d无变化	—
聚合物水泥防水砂浆	>1.2	≥1.5	≥8.0	≤0.15	≤4	>50		≥80

注：耐水性是指砂浆浸水 168 h 后的黏结强度及抗渗性的保持率。

5.3.2 地下水泥砂浆防水层的质量要求应符合下列规定：

1 基层表面应坚实、平整、粗糙、洁净，并应充分湿润，无明水。

2 基层表面的孔洞、缝隙，应采用与防水层相同的防水砂浆堵塞并抹平。

3 各种结构的外墙防水层设置高度均应超过室外地坪500 mm。

5.4 施工工艺及作业规定

5.4.1 地下水泥砂浆防水层的施工应按图 5.4.1 的流程进行（以五

层做法为例）

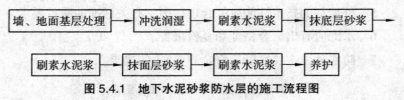

图 5.4.1　地下水泥砂浆防水层的施工流程图

5.4.2 地下水泥砂浆防水层施工应符合下列规定。

1 基层处理应符合下列规定：

1）剔除基层松散附着物，基层表面的孔洞、缝隙应用与防水层相同的砂浆堵塞压实抹平，混凝土基层应作凿毛处理，使基层表面平整、坚实、粗糙、清洁，并充分湿润，无积水。

2）施工前应将预埋件、穿墙管的预留凹槽内嵌填密封材料后，再施工防水砂浆。

2 刷素水泥浆（第一层）

根据配合比将材料拌和均匀，在基层表面涂刷均匀，随即抹底层砂浆。基层为砌体时，则抹灰前一天用水把墙浇透，第二天洒水湿润即可进行底层砂浆施工。

3 抹底层砂浆（第二层）

按配合比调制砂浆搅拌均匀后进行抹灰操作，底灰抹灰厚度为5 mm～10 mm，在砂浆凝固之前用笤帚扫毛。砂浆要随拌随用，拌和后使用时间不宜超 1 h，严禁使用拌和后超过初凝时间的砂浆。

4 刷素水泥浆（第三层）

抹完底层砂浆后 1 d～2 d，再刷素水泥砂浆，做法与第一层同。

5 抹面层砂浆（第四层）

刷完素水泥浆后，紧接着抹面层砂浆，配合比同底层砂浆，抹灰厚度在 5 mm ~ 10 mm 左右，抹灰宜与第一层垂直，先用木抹子搓平，后用铁抹子压实、压光。

6　刷素水泥浆（第五层）

面层抹灰 1 d 后，刷素水泥浆，做法与第一层同。

7　抹灰程序，接槎及阴阳角做法

1）抹灰程序宜先抹立面后抹地面，分层铺抹或喷抹，铺抹时压实抹平和表面压光。

2）水泥砂浆防水层各层应紧密结合，每层宜连续施工，必须留施工缝时，应采用阶梯坡形槎，但离阴阳角处的距离不得小于200 mm。

3）防水层阴阳角应做成圆弧形。

8　聚合物水泥砂浆施工应符合下列规定：

1）掺入聚合物要准确计量。

2）拌合物分散要均匀。

3）聚合物水泥防水砂浆拌和后应在规定时间内用完，施工中不得任意加水。

9　养护应符合下列规定：

1）防水层施工完，砂浆终凝后，应及时进行养护，养护温度不宜低于 5 ℃，并应保持砂浆表面湿润，养护时间不得少于 14 d。

2）聚合物水泥砂浆防水层未达到硬化状态时，不得浇水养护或直接受雨水冲刷，硬化后应采用干湿交替的养护方法。在潮湿环境中，可在自然条件下养护。

3）防水层施工完后，要防止踩踏，后续工程施工应在防水层养护完毕后进行，以免破坏防水层。

5.4.3 地下水泥砂浆防水层应包括下列技术要求：

1 防水砂浆的配合比和施工方法应符合所掺材料的规定，其中聚合物砂浆的用水量应包括乳液中的含水量。

2 水泥砂浆防水层应分层铺抹或喷射，铺抹时应压实、抹平，最后一层表面应提浆压光。

3 聚合物水泥砂浆拌和后应在规定时间内用完，施工中不得任意加水。

5.4.4 地下水泥砂浆防水层施工后应做好下列保护：

1 防水层施工终凝后即应覆盖，且在养护期内保持湿润。

2 抹灰棚架与墙面的距离应符合脚手架安全技术规范，拆架时不得碰坏棱角及墙面。

3 抹完砂浆防水层，在 24 h 内严禁上人踩踏。

4 落地灰要及时清理，做到活完场清。

5.5 质量标准

5.5.1 水泥砂浆防水层分项工程检验批的抽样检验数量，应按施工面积每 100 m^2 抽查 1 处，每处 10 m^2，且不得少于 3 处。

5.5.2 主控项目及检验方法应包括下列内容。

1 水泥砂浆的原材料及配合比必须符合设计规定。

检验方法：检查产品合格证、产品性能检测报告、计量措施和材料进场检验报告。

2 防水砂浆的黏结强度和抗渗性能必须符合设计规定。

检验方法：检查砂浆黏结强度、抗渗性能检验报告。

3 水泥砂浆防水层与基层之间应结合牢固，无空鼓开裂现象。

检验方法：观察和用小锤轻击检查。

5.5.3　一般项目及检验方法应包括下列内容：

　　1　水泥砂浆防水层表面应密实、平整、不得有裂纹、起砂、麻面等缺陷。

　　检验方法：观察检查。

　　2　水泥砂浆防水层施工缝留槎位置应正确，接槎应按层次顺序操作，层层搭接紧密。

　　检验方法：观察检查和检查隐蔽工程验收记录。

　　3　水泥砂浆防水层的平均厚度应符合设计要求，最小厚度不得小于设计值的 85%。

　　检验方法：用针测法检查。

　　4　水泥砂浆防水层表面平整度的允许偏差应为 5 mm。

　　检验方法：用 2 m 靠尺和楔形塞尺检查。

6 地下卷材防水层

6.1 一般规定

6.1.1 卷材防水层宜用于经常处在地下水环境，且受侵蚀介质作用或受振动作用的地下工程。

6.1.2 卷材防水层用于建筑物地下室时，应铺设在结构底板垫层至墙体防水设防高度的结构基面上；用于单建式的地下工程时，应从结构底板垫层铺设至顶板基面，并应在外围形成封闭的防水层。

6.1.3 卷材防水层的原材料必须有产品出厂合格证，并应对其主要性能指标进行复检，材料的品种、规格、性能等必须符合现行国家标准和设计要求。

6.1.4 防水卷材的品种规格和层数，应根据地下工程防水等级、地下水位高低及水压力作用状况、结构构造形式和施工工艺等因素确定。卷材防水层的厚度应符合表 6.1.4 的规定。

表 6.1.4 不同品种卷材的厚度

卷材品种	高聚物改性沥青类防水卷材			合成高分子类防水卷材			
	弹性体改性沥青防水卷材、改性沥青聚乙烯胎防水卷材	自粘聚合物改性沥青防水卷材		三元乙丙橡胶防水卷材	聚氨乙烯防水卷材	聚乙烯丙纶复合防水卷材	高分子自粘胶膜防水卷材
		聚酯毡胎体	无胎体				
单层厚度/mm	≥4	≥3	≥1.5	≥1.5	≥1.5	卷材：≥0.9 黏结料：≥1.3 芯材厚度≥0.6	≥1.2
双层总厚度/mm	≥（4+3）	≥（3+3）	≥（1.5+1.5）	≥（1.2+1.2）	≥（1.2+1.2）	卷材：≥（0.7+0.7） 黏结料：≥（1.3+1.3） 芯材厚度≥0.5	—

6.1.5 地下防水工程的卷材铺贴主要采用冷粘法、热熔法。

6.1.6 两幅卷材短边和长边的搭接宽度应满足相应材料要求。采用多层卷材时，上下两层和相邻两幅卷材的接缝应错开 1/3～1/2 幅宽，且两层卷材不得相互垂直铺贴。

6.1.7 材料保管、运输、施工过程中，要注意防火和预防职业中毒、烫伤事故发生。

6.1.8 铺贴卷材严禁在雨天、雪天、五级及以上大风中施工；冷粘法、自粘法施工的环境气温不宜低于 5 ℃，热熔法、焊接法施工的环境气温不宜低于 – 10 ℃。施工过程中下雨或下雪时，应做好已铺卷材的防护工作。

6.2 施工准备

6.2.1 施工前应做好下列技术准备：

　　1 卷材防水层施工前，应熟悉图纸，并编制专项施工方案。

　　2 对分项作业人员应进行安全、技术交底。

　　3 原材料、半成品材质证明齐全，并按规定进行复检合格。

　　4 所选用的基层处理剂、胶黏剂、密封材料等均应与铺贴的卷材相匹配。

6.2.2 施工前准备的主要机具应包括平铲、钢丝刷、棕笤帚、高压吹风机、卷尺、剪刀、粉线、刷子、沥青桶、滚筒、长柄滚刷、压辊、扁头热风枪、液化气火焰喷枪等。

6.2.3 施工前应有下列作业条件：

　　1 基层验收合格，已办好验收手续。

　　2 防水卷材铺贴前，所有穿过防水层的管道、预埋件均应完工完毕，并做好局部防水处理。

3 卷材铺贴前，应将地下水位降至防水层底标高 50 cm 以下。

4 铺贴卷材的基层应牢固、平整，并不得有起砂、空鼓等现象。

6.3 材料和质量要求

6.3.1 地下卷材防水层的材料要求应符合下列规定：

1 卷材防水层的卷材品种可按表 6.3.1-1 选用，并应符合下列规定。

表 6.3.1-1 卷材防水层的卷材品种

类别	品种名称
高聚物改性沥青类防水卷材	弹性体改性沥青防水卷材
	改性沥青聚乙烯胎防水卷材
	自粘聚合物改性沥青防水卷材
合成高分子类防水卷材	三元乙丙橡胶防水卷材
	聚氯乙烯防水卷材
	聚乙烯丙纶复合防水卷材
	高分子自粘胶膜防水卷材

1）卷材外观质量、品种规格应符合国家现行有关标准的规定；

2）卷材及其胶黏剂应具有良好的耐水性、耐久性、耐穿刺性、耐腐蚀和耐菌性；

3）高聚物改性沥青类防水卷材的主要物理性能，应符合表 6.3.1-2 的要求；

表 6.3.1-2　高聚物改性沥青类防水卷材的主要物理性能

项目		性 能 要 求				
		弹性体改性沥青防水卷材			自粘聚合物改性沥青防水卷材	
		聚酯毡胎体	玻纤毡胎体	聚乙烯膜胎体	聚酯毡胎体	无胎体
可溶物含量/（g/m²）		3 mm 厚≥2 100 4 mm 厚≥2 900			3 mm 厚 ≥2 100	—
拉伸性能	拉力/ （N/50 mm）	≥800 （纵横向）	≥500 （纵横向）	≥140（纵向） ≥120（横向）	≥450 （纵横向）	≥180 （纵横向）
	延伸率/%	最大拉力时 ≥40 （纵横向）	—	断裂时≥250 （纵横向）	最大拉力时≥30 （纵横向）	断裂时≥ 200（纵横 向）
低温柔度/℃		−25，无裂纹				
热老化后低温柔度/℃		−20，无裂纹			−22，无裂纹	
不透水性		压力 0.3 MPa，保持时间 120 min，不透水				

4）合成高分子类防水卷材的主要物理性能，应符合表 6.3.1-3。

表 6.3.1-3　合成高分子类防水卷材的主要物理性能

项目	性 能 要 求			
	三元乙丙橡胶 防水卷材	聚氯乙烯 防水卷材	聚乙烯丙纶复合 防水卷材	高分子自粘胶 膜防水卷材
断裂拉伸强度	≥7.5 MPa	≥12 MPa	≥60 N/10 mm	≥100 N/10 mm
断裂伸长率	≥450%	≥250%	≥300%	≥400%
低温弯折性	−40 ℃，无裂纹	−20 ℃，无裂纹	−20 ℃，无裂纹	−20 ℃，无裂纹
不透水性	压力 0.3 MPa，保持时间 120 min，不透水			
撕裂强度	≥25 kN/m	≥40 kN/m	≥20 N/10 mm	≥120 N/10 mm
复合强度（表层 与芯层）	—	—	≥1.2 N/10 mm	—

2 粘贴各类防水卷材应采用与卷材材性相容的胶黏材料，其黏结质量应符合表 6.3.1-4 的要求。

表 6.3.1-4 防水卷材黏结质量要求

项目		自粘聚合物改性沥青防水卷材黏合面		三元乙丙橡胶和聚氯乙烯防水卷材胶黏剂	合成橡胶胶黏带	高分子自粘胶膜防水卷材黏合面
		聚酯毡胎体	无胎体			
剪切状态下的黏合性（卷材-卷材）	标准试验条件/（N/10 mm），≥	40 或卷材断裂	20 或卷材断裂	20 或卷材断裂	20 或卷材断裂	40 或卷材断裂
黏结剥离强度（卷材-卷材）	标准试验条件/（N/10 mm），≥	15 或卷材断裂		15 或卷材断裂	4 或卷材断裂	—
	浸水 168 h 后保持率/%，≥	70		70	80	—
与混凝土黏结强度（卷材-混凝土）	标准试验条件/（N/10 mm），≥	15 或卷材断裂		15 或卷材断裂	6 或卷材断裂	20 或卷材断裂

3 聚乙烯丙纶复合防水卷材应采用聚合物水泥防水黏结材料，其物理性能应符合表 6.3.1-5 的要求。

表 6.3.1-5 聚合物水泥防水黏结材料物理性能

项目		性能要求
与水泥基面的黏结拉伸强度/MPa	常温 7 d	≥0.6
	耐水性	≥0.4
	耐冻性	≥0.4
可操作时间/h		≥2
抗渗性（7 d）/MPa		≥1.0
剪切状态下的黏合性（常温）/（N/mm）	卷材与卷材	≥2.0 或卷材断裂
	卷材与基面	≥1.8 或卷材断裂

6.3.2 地下卷材防水层的质量应符合下列规定：

1 铺贴卷材应平整、顺直，搭接尺寸正确，不得有扭曲、皱折。

2 卷材黏接牢固，无空鼓、起泡、翘边情况。边角及穿过防水卷材的管道、预埋处构造合理、封堵严密。

6.4 施工工艺及作业规定

6.4.1 工艺流程

1 外防外贴法的施工应按图 6.4.1-1 的流程进行。

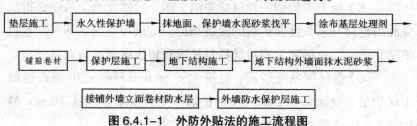

图 6.4.1-1 外防外贴法的施工流程图

2 外防内贴法的施工应按图 6.4.1-2 的流程进行

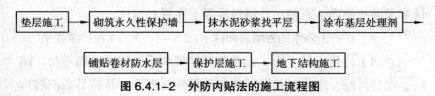

图 6.4.1-2 外防内贴法的施工流程图

6.4.2 作业规定

1 外防外贴法应符合下列规定：

1）先浇筑需做防水层的混凝土垫层。

2）垫层上砌永久性保护墙，墙下铺一层干油毡。墙的高度不小于结构底板厚度加 100 mm。若在永久性保护墙上接砌临时性保护墙时应用石灰砂浆砌筑，内表面应用石灰砂浆找平，并刷石灰浆；若用模板代替临时性保护墙时，应在其上涂刷隔离剂。

3）垫层和永久性保护墙表面抹 1：2.5～1：3 的水泥砂浆找平层，找平层的厚度、阴阳角的圆弧和平整度应符合设计要求或规范规定。

4）找平层干燥并清扫干净后，按照所用的不同卷材品种，涂布相应的基层处理剂，基层处理剂可用喷涂或刷涂法施工，喷涂应均匀一致，不露底。

5）地下工程铺贴卷材应先铺平面，后铺立面。从底面折向立面的卷材与永久性保护墙的接触部位，应采用空铺法施工。卷材铺贴完毕后，应用建筑密封材料对长边和短边接缝进行密封处理。

6）卷材铺贴完毕后，浇筑大于 50 mm 厚的 C20 细石混凝土保护层，立面部位（永久性保护墙体）防水层表面抹 20 mm 厚 1：2.5～1：3 的水泥砂浆找平层加以保护。

7）在细石混凝土及水泥砂浆保护层养护固化后，即可按设计要求绑扎钢筋、支模，并浇筑混凝土底板和墙体。

8）在需做防水的外墙表面抹 1：2.5～1：3 的水泥砂浆找平层。

9）待找平层干燥，涂布基层处理剂后，铺贴立面卷材。铺贴立面卷材时，应先将接槎部位的各层卷材揭开，并将其表面清理干净，如卷材有局部损伤，应及时进行修补。卷材接槎的搭接长度，高聚物改性沥青类卷材为 150 mm，合成高分子类卷材为 100 mm。当使用两层卷材时，卷材应错槎接缝，上层卷材应盖过下层卷材，见图 6.4.2。

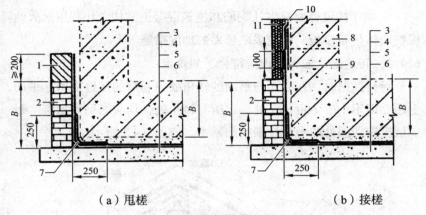

（a）甩槎 （b）接槎

图 6.4.2 卷材防水层甩槎、接槎构造

1—临时保护墙；2—永久保护墙；3—细石混凝土保护层；4—卷材防水层；

5—水泥砂浆找平层；6—混凝土垫层；7—卷材加强层；

8—结构墙体；9—卷材附加层；10—卷材防水层；

11—卷材保护层

10）防水层施工完，经检验合格后，立即做好卷材防水层的保护层。

2 外防内贴法应符合下列规定：

1）先浇筑混凝土垫层。

2）在垫层上砌永久性保护墙。

3）在已浇筑好的混凝土垫层和砌筑好的永久性保护墙内表面应抹厚度为 20 mm 的 1：3 的水泥砂浆找平层。

4）找平层干燥后，即可在平面和立面部位涂布基层处理剂。

5）贴卷材应先铺立面，后铺平面。铺贴立面时，应先铺转角，后铺大面。

6）卷材防水层铺完后验收，确认无渗漏隐患后，做保护层。

7）按设计要求绑扎钢筋和浇筑混凝土结构，如利用永久性保护墙体代替模板，则应采取稳妥的加固措施。

6.4.3 转角部位加固处理应符合下列规定：

卷材铺贴时，在立面与平面的转角处，卷材的接缝应留在平面上距立面不小于 600 mm 处。在所有转角处，均应铺贴附加层。附加层应按加固处的形状仔细粘贴紧密，如图 6.4.3 所示。

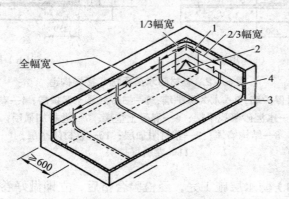

（a）阴角的第一层卷材铺贴法

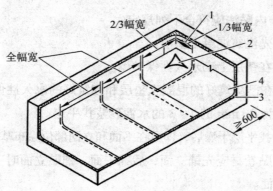

（b）阴角的第二层卷材铺贴法

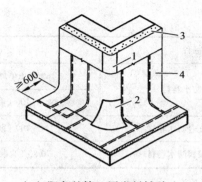

（c）阳角的第一层卷材铺贴法

图 6.4.3 三面角的卷材铺设法

1—转折处卷材附加层；2—角部附加层；3—找平层；4—卷材

6.4.4 地下卷材防水层应包括下列技术要求：

1 铺贴防水卷材前，基面应干净、干燥，并应涂刷基层处理剂。当基面潮湿时，应涂刷湿固化型胶黏剂或潮湿界面隔离剂。

2 基层阴阳角应做成圆弧或 45°坡角，其尺寸应根据卷材品种确定。在转角处、变形缝、施工缝，穿墙管等部位应铺贴卷材加强层，加强层宽度不应小于 500 mm。

3 不同品种防水卷材的搭接宽度，应符合表 6.4.4 的要求。

表 6.4.4 防水卷材搭接宽度

卷材品种	搭接宽度/mm
弹性体改性沥青防水卷材	100
改性沥青聚乙烯胎防水卷材	100
自粘聚合物改性沥青防水卷材	80
三元乙丙橡胶防水卷材	100/60（胶黏剂/胶黏带）

卷材品种	搭接宽度/mm
聚氯乙烯防水卷材	60/80（单焊缝/双焊缝）
	100（胶黏剂）
聚乙烯丙纶复合防水卷材	100（胶黏剂）
高分子自粘胶膜防水卷材	70/80（自黏胶/胶黏带）

4 冷粘法铺贴卷材应符合下列规定：

1）胶黏剂应涂刷均匀，不露底，不堆积；

2）根据胶黏剂的性能，应控制胶黏剂涂刷与卷材铺贴的间隔时间；

3）铺贴时不得用力拉伸卷材，排除卷材下面的空气，辊压黏结牢固；

4）卷材接缝部位应采用专用胶黏剂或胶黏带满粘，接缝口应用密封材料封严，其宽度不应小于 10 mm。

5 热熔法铺贴卷材应符合下列规定：

1）火焰加热器加热卷材应均匀，不得加热不足或烧穿卷材；

2）卷材表面热熔后应立即滚铺，排除卷材下面的空气，并黏结牢固；

3）卷材接缝部位应溢出热熔的改性沥青胶料，并粘贴牢固，封闭严密。

6.4.5 地下卷材防水层应做好下列保护。

1 卷材运输及保管时应符合相关规定，不得横放、斜放，应避免雨淋、日晒、受潮。

2 已铺好的卷材防水层，应及时采取保护措施。操作人员不得穿带钉鞋在防水层上作业。

3 采用外防外贴法的墙角留槎处卷材要妥善保护，防止断裂和损伤，并及时砌好保护墙。

4 卷材防水层完工并经验收合格后，应及时做保护层，保护层应符合下列规定。

1）顶部的细石混凝土保护层与防水层之间宜设置隔离层。细石混凝土保护层厚度：机械回填时不宜小于 70 mm，人工回填时不宜小于 50 mm；

2）底板的细石混凝土保护层厚度不应小于 50 mm；

3）侧墙宜采用软质保护材料或铺抹 20 mm 厚 1∶2.5 水泥砂浆。

6.5 质量标准

6.5.1 卷材防水层分项工程检验批的抽样检验数量，应按铺贴面积每 100 m² 抽查 1 处，每处 10 m²，且不得少于 3 处。

6.5.2 主控项目及检验方法应包括下列内容：

1 卷材防水层所用卷材及其配套材料必须符合设计要求。

检验方法：检查产品合格证、产品性能检测报告和材料进场检验报告。

2 卷材防水层在转角处、变形缝、穿墙管等部位做法必须符合设计要求。

检验方法：观察检查和检查隐蔽工程验收记录。

6.5.3 一般项目及检验方法应包括下列内容。

1 卷材防水层的搭接缝应粘贴或焊接牢固，密封严密，不得有扭曲、折皱、翘边和起泡等缺陷。

检验方法：观察检查。

2 采用外防外贴法铺贴卷材防水层时，立面卷材接槎的搭接宽度，高聚物改性沥青类卷材应为 150 mm，合成高分子类卷材应为 100 mm，且上层卷材应盖过下层卷材。

检验方法：观察和尺量检查。

3 侧墙卷材防水层的保护层与防水层应结合紧密，保护层厚度应符合设计要求。

检验方法：观察和尺量检查。

4 卷材搭接宽度的允许偏差应为 − 10 mm。

检验方法：观察和尺量检查。

7 地下涂料防水层

7.1 一般规定

7.1.1 涂料防水层可采用无机防水涂料和有机防水涂料。无机防水涂料可选用掺外加剂、掺合料的水泥基防水涂料或水泥基渗透结晶型防水涂料。有机防水涂料可选用反应型、水乳型、聚合物水泥等涂料。掺外加剂、掺合料的水泥基防水涂料厚度不得小于 3.0 mm；水泥基渗透结晶型防水涂料的用量不应小于 1.5 kg/m^2，且厚度不应小于 1.0 mm；有机防水涂料的厚度不得小于 1.2 mm。

7.1.2 无机防水涂料宜用于结构主体的背水面或迎水面，有机防水涂料宜用于地下工程主体结构的迎水面。用于背水面的有机防水涂料应具有较高的抗渗性，且与基层有较好的黏结性。

7.1.3 涂料防水层所用的材料必须配套使用，所有材料均应有产品合格证书，产品性能检测报告，材料的品种、规格、性能等应符合国家现行标准和设计要求，并按规定进行复验。

7.1.4 涂料应达到环保要求，应选用符合环保要求的溶剂。配料和施工现场应有安全及防火措施，所有施工人员都必须严格遵守操作要求。

7.1.5 防水涂料严禁在雨天、雪天、雾天、五级风及以上大风时施工，不得在施工环境温度低于 5 ℃ 及高于 35 ℃ 或烈日暴晒时施工。涂膜固化前如有降雨可能时，应及时做好已完涂层的保护工作。

45

7.2 施工准备

7.2.1 施工前应做好下列技术准备：

1 熟悉设计图纸及施工验收规范，掌握涂料防水的具体设计和构造要求。

2 编制涂料防水工程施工方案。

7.2.2 施工前准备的主要机具应包括电动搅拌器、搅拌桶、小桶、橡皮刮板、塑料刮板、铁皮小刮板、圆滚刷、小抹子、油工铲刀、笤帚、拖把、高压吹风机、台秤等。

7.2.3 施工前应有下列作业条件：

1 上道工序已经完工，并通过验收。

2 基层表面的气孔、凹凸不平、蜂窝、缝隙、起砂等，已修补处理，基面表面干净、无油污、无浮浆、无水珠、不渗水。

3 埋设件、穿墙管等部位预先进行了密封或加强处理。

7.3 材料和质量要求

7.3.1 地下涂料防水层的材料应符合下列规定。

1 涂料防水层所选用的涂料应符合下列规定：

1） 应具有良好的耐水性、耐久性、耐腐蚀性及耐菌性。

2） 应无毒、难燃、低污染。

3） 无机防水涂料应具有良好的湿干黏结性和耐磨性；有机防水涂料应具有较好的延伸性及较大的适应基层变形的能力。

2 无机防水涂料的性能指标应符合表 7.3.1-1 的规定，有机防水涂料的性能指标应符合表 7.3.1-2 的规定。

表 7.3.1-1 无机防水涂料的性能指标

涂料种类	抗折强度/MPa	黏结强度/MPa	一次抗渗性/MPa	二次抗渗性/MPa	冻融循环/次
掺外加剂、掺合料水泥基防水涂料	>4	>1.0	>0.8	—	>50
水泥基渗透结晶型防水涂料	≥4	≥1.0	>0.8	>0.8	>50

表 7.3.1-2 有机防水涂料的性能指标

涂料种类	可操作时间/min	潮湿基面黏结强度/MPa	抗渗性/MPa			浸水168 h后拉伸强度/MPa	浸水168 h后断裂伸长率/%	耐水性/%	表干/h	实干/h
			涂膜/120 min	砂浆迎水面	砂浆背水面					
反应型	≥20	≥0.5	≥0.3	≥0.8	≥0.3	≥1.7	≥400	≥80	≤12	≤24
水乳型	≥50	≥0.2	≥0.3	≥0.8	≥0.3	≥0.5	≥350	≥80	≤4	≤12
聚合物水泥	≥30	≥1.0	≥0.3	≥0.8	≥0.6	≥1.5	≥80	≥80	≤4	≤12

注:**1** 浸水 168 h 后的拉伸强度和断裂伸长率是在浸水取出后只经擦干即进行试验所得的值。

2 耐水性是指材料浸水 168 h 后取出擦干即进行试验,其黏结强度及抗渗性的保持率。

3 防水涂料品种的选择应符合下列规定:

1)潮湿基层宜选用与潮湿基面黏结力大的无机防水涂料或有机防水涂料,也可采用先涂无机防水涂料而后再涂有机防水涂料构成复合防水涂层;

2)冬季施工宜选用反应型涂料;

3)埋置深度较深的重要工程、有振动或有较大变形的工程,宜选用高弹性防水涂料;

4）有腐蚀性的地下环境宜选用耐腐蚀性较好的有机防水涂料，并应做刚性保护层。

5）聚合物水泥防水涂料应选用Ⅱ型产品。

7.3.2 地下涂料防水层的质量应符合下列规定：

1 涂料防水层厚度必须满足设计和规范的要求。

2 涂膜应具有一定的抗渗性，涂膜的耐水性应不低于80%。

3 防水结构边角部位、穿过防水层的管道及预埋件部位的处理应符合构造要求，涂层黏结牢固、严密。

4 涂膜黏结牢固、严密，无空鼓、起泡、堆积、流淌、露底、漏刷，胎体增强封边牢固无翘边。

7.4 施工工艺及作业规定

7.4.1 地下涂料防水层的施工应按图7.4.1的流程进行（以五层做法为例）

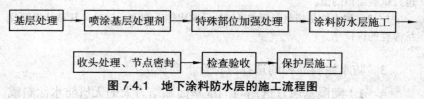

图7.4.1 地下涂料防水层的施工流程图

7.4.2 地下涂料防水层的施工应符合下列规定：

1 涂料防水层施工前，先将基层表面的杂物、砂浆硬块等清扫干净，基层应平整，无空裂、起砂等缺陷，基层的干燥程度应视涂料特性而定。

2 喷涂（刷）基层处理剂。

3 特殊部位加强处理。穿过墙、顶、地的管根部，地漏、排水口、阴阳角、变形缝等薄弱部位，应在防水涂料大面积施工前，先做好上述部位的加强涂层（附加层）。

4 涂料涂（刷）可采用人工涂布，也可采用机械喷涂。涂布立面最好采用醮涂法，涂刷应均匀一致，地下工程结构有高低差时，在平面上的涂刷应按"先高后低，先远后近"的原则涂刷，立面则由上而下。涂刷完毕应抽点检查是否达到设计规定的厚度。

5 为防止收头部位出现翘边现象，所有收头均应以密封材料压边，压边的宽度不得小于 10 mm。收头处的胎体增强材料应裁剪整齐，如有凹槽时应压入凹槽内，不得出现翘边、皱折、露白等现象，否则应先进行处理后再封密封材料。

6 涂膜施工完毕，经检查合格后，应立即进行保护层的施工，及时保护防水层免受损伤。保护层材料的选择应根据设计要求及所用防水涂料的特性而定。

7.4.3 地下涂料防水层应包括下列技术要求：

1 无机防水涂料基层表面应干净、平整、无浮浆和明显积水。

2 采用有机防水涂料时，涂料施工前，基层表面应基本干燥，不应有气孔、凹凸不平、蜂窝麻面等缺陷。基层阴阳角应做成圆弧形，阴角直径宜大于 50 mm，阳角直径宜大于 10 mm，在底板转角部位应增加胎体增强材料，并应增涂防水涂料。

3 防水涂料为多组分材料时，配料应按配合比规定准确计量、搅拌均匀，每次配料量必须保证在规定的可操作时间内涂刷完毕。

4 涂料应分层涂刷或喷涂，涂层应均匀，涂刷应待前遍涂层干燥成膜后进行。每遍涂刷时应交替改变涂层的涂刷方向，同层涂膜的先后搭压宽度宜为 30 mm ~ 50 mm。

5 涂料防水层的甩槎处接槎宽度不应小于 100 mm，接涂前应将其甩槎表面处理干净。

6 采用有机防水涂料时，在转角处、变形缝、施工缝、穿墙管等部位应增加胎体增强材料和增涂防水涂料，宽度不应小于 500 mm。

7 胎体增强材料的搭接宽度不应小于 100 mm。上下两层和相邻两幅胎体的接缝应错开 1/3 幅宽，且上下两层胎体不得相互垂直铺贴。

7.4.4 地下涂料防水层应做好保护。有机防水涂料施工完成后应及时做保护层，保护层应符合下列规定：

1 底板、顶板应采用 20 mm 厚 1：2.5 水泥砂浆层或 40 mm ~ 50 mm 厚的细石混凝土保护层，防水层与保护层之间宜设置隔离剂。

2 侧墙背水面保护层应采用 20 mm 厚 1：2.5 水泥砂浆。

3 侧墙迎水面保护层宜选用软质保护材料或 20 mm 厚 1：2.5 水泥砂浆。

7.5 质量标准

7.5.1 涂料防水层分项工程检验批的抽样检验数量，应按涂层面积每 100 m² 抽查 1 处，每处 10 m²，不得少于 3 处。

7.5.2 主控项目及检验方法应包括下列内容。

1 涂料防水层所用的材料及配合比必须符合设计要求。

检验方法：检查产品合格证、产品性能检测报告、计量措施和材料进场检验报告。

2 涂料防水层的平均厚度应符合设计要求，最小厚度不得小于设计厚度的 90%。

检验方法：用针测法检查。

3 涂料防水层在转角处、变形缝、施工缝、穿墙管等部位做法必须符合设计要求。

检验方法：观察检查和检查隐蔽工程验收记录。

7.5.3 一般项目及检验方法应包括下列内容。

1 涂料防水层应与基层黏结牢固，涂刷均匀，不得流淌、鼓泡、露槎。

检验方法：观察检查。

2 涂层间夹铺胎体增强材料时，应使防水涂料浸透胎体覆盖完全，不得有胎体外露现象。

检验方法：观察检查。

3 侧墙涂料防水层的保护层与防水层应结合紧密，保护层厚度应符合设计要求。

检验方法：观察检查。

8 地下金属板防水层

8.1 一般规定

8.1.1 金属板防水层适用于抗渗性能要求较高的地下工程，可用于长期浸水、水压较大的水工及过水隧道，金属板应铺设在主体结构迎水面。

8.1.2 金属板防水层所采用的金属材料和保护材料应符合设计要求。金属板及其焊接材料的规格、外观质量和主要物理性能，应符合国家现行相关标准的规定。

8.1.3 金属板的拼接及金属板与工程结构的锚固件连接应采用焊接。金属板的拼接焊缝应进行外观检查和无损检验。

8.2 施工准备

8.2.1 施工前应做好下列技术准备：

　　1 熟悉设计图纸及施工验收规范，掌握金属板地下防水工程的具体设计和构造要求。

　　2 编制金属板地下防水工程施工方案。

　　3 对分项作业人员进行技术交底和安全教育。

　　4 原材料、半成品通过抽样复检合格。

8.2.2 施工前准备的主要机具应包括金属型材加工安装机具，包括切割、磨削、钻孔和固定机具，其主要加工机具为型材切割机、电剪刀、电焊（气焊）机、角向钻磨机、手电钻、拉铆枪、电动角向磨光机、射钉枪等。

8.2.3 施工前应有下列作业条件：

　　1 上道工序已施工完毕并验收合格。

　　2 自然环境应满足金属焊接要求。

　　3 防水层所用钢材、焊条等已经备齐，经复查规格齐全，质量符合要求，按型号规格整齐堆放在加工场或现场备用。

8.3　材料和质量要求

8.3.1 地下金属板防水层的材料应符合下列规定：

　　1 金属板防水层所采用的金属材料和保护材料应符合设计要求。金属材料及焊条（剂）的规格、外观质量和主要物理性能，应符合国家现行有相关标准的规定。

　　2 当金属板表面有锈蚀、麻点或划痕等缺陷时，其深度不得大于该板材厚度的负偏差值。

8.3.2 地下金属板防水层的质量应符合下列规定：

　　1 金属板防水层不得有渗漏水现象。

　　2 金属板防水层应采取防锈措施。

8.4　施工工艺及作业规定

8.4.1 地下金属板防水层的施工应按图 8.4.1 的流程进行

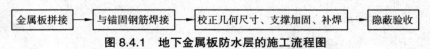

　　金属板拼接 → 与锚固钢筋焊接 → 校正几何尺寸、支撑加固、补焊 → 隐蔽验收

图 8.4.1　地下金属板防水层的施工流程图

8.4.2 地下金属板防水层施工应符合下列规定：

1 金属板应采用焊接拼接，焊接钢板焊缝应严密。竖向金属板的垂直接缝，应相互错开。

2 主体结构内侧设置金属板防水层时，金属板应与结构内的钢筋焊牢，也可在金属板防水层上焊接一定数量的锚固件，构造见图 8.4.2-1。

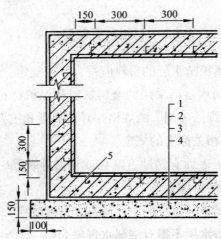

图 8.4.2-1 在结构内侧金属板防水层
1—金属板；2—主体结构；3—防水砂浆；4—垫层；5—锚固筋

3 主体结构外侧设置金属防水层时，金属板应焊在混凝土结构的预埋件上。金属板经焊缝检查合格后，应将其与结构间的空隙用水泥砂浆灌实，见图 8.4.2-2。

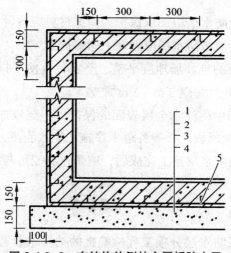

图 8.4.2-2　在结构外侧的金属板防水层

1—防水砂浆；2—主体结构；3—金属板；4—垫层；5—锚固筋

4　金属板防水层应用临时支撑加固。金属板防水层底板上应预留浇筑孔，并应保证混凝土浇筑密实，待底板混凝土浇筑完后应补焊严密。

5　金属板防水层如先焊成箱体，再整体吊装就位时，应在其内部加设临时支撑。

8.4.3　地下金属板防水层应包括下列技术要求：

1　金属板的焊缝要饱满，无气孔、夹渣、咬肉、焊瘤等质量缺陷，焊缝的观感应做到外形均匀、成型较好，焊道与焊道、焊道与金属板间过渡较平滑，焊渣和飞溅物基本清除干净。

2　地下结构混凝土浇筑要密实，无裂缝、蜂窝、孔洞、夹层等缺陷。

3 金属板防水层应加以保护，保护材料应按设计规定使用。

8.4.4 地下金属板防水层应做好下列保护：

1 金属板的堆放场地应平整、坚实，且便于排除地面水，堆放时应分层，并且每隔 3 m ~ 5 m 放垫木。

2 在施工中应注意金属表面的保护，不要破损和污染表面，对有保护膜的金属板，要等各道工序施工完才能撕去。

3 金属板防水层施工完成后，应防止其变形与损伤。

8.5 质量标准

8.5.1 金属板防水层分项工程检验批的抽样检验数量，应按铺设面积每 10 m² 抽查 1 处，每处 1 m²，且不得少于 3 处。焊缝表面缺陷检验应按焊缝的条数抽查 5%，且不得少于 1 条焊缝；每条焊缝检查 1 处，总抽查数不得少于 10 处。

8.5.2 主控项目及检验方法应包括下列内容。

1 金属板和焊接材料必须符合设计要求。

检验方法：检查产品合格证、产品性能检测报告和材料进场检验报告。

2 焊工应持有有效的执业资格证书。

检验方法：检查焊工执业资格证书和考核日期。

8.5.3 一般项目及检验方法应包括下列内容。

1 金属板表面不得有明显凹面和损伤。

检验方法：观察检查。

2 焊缝不得有裂纹、未熔合、夹渣、焊瘤、咬边、烧穿、弧坑、针状气孔等缺陷。

检验方法：观察检查和使用放大镜、焊缝量规及钢尺检查，必要时采用渗透或磁粉探伤检查。

3 焊缝的焊波应均匀，焊渣和飞溅物应清除干净。保护涂层不得有漏涂、脱皮和反锈现象。

检验方法：观察检查。

9 地下膨润土防水材料防水层

9.1 一般规定

9.1.1 膨润土防水材料防水层适用于 pH 为 4～10 的地下环境中。膨润土防水材料防水层应用于复合式衬砌的初期支护与二次衬砌之间以及明挖法地下工程主体结构的迎水面，防水层两侧应具有一定的夹持力。

9.1.2 膨润土防水材料中的膨润土颗粒应采用钠基膨润土，不应采用钙基膨润土。

9.1.3 铺设膨润土防水材料防水层的基层混凝土强度等级不得小于 C15，水泥砂浆强度等级不得低于 M7.5。

9.1.4 阴、阳角部位应做成直径不小于 30 mm 的圆弧或 30 mm×30 mm 的坡角。

9.1.5 转角处和变形缝、施工缝、后浇带等部位均应设置宽度不小于 500 mm 加强层，加强层应设置在防水层与结构外表面之间。穿墙管件部位宜采用膨润土橡胶止水条、膨润土密封膏进行加强处理。

9.2 施工准备

9.2.1 施工前应做好下列技术准备：

1 熟悉设计图纸及施工验收规范，掌握膨润土防水材料地下防水工程的具体设计和构造要求。

2 编制膨润土防水材料地下防水工程施工方案。

3 对分项作业人员进行技术交底和安全教育。

9.2.2 施工前准备的主要机具应包括卷尺、直尺、裁剪刀、射钉枪、锤子等。

9.2.3 施工前应有下列作业条件：

1 上道工序已施工完毕并验收合格。

2 基层应坚实、清洁，不得有明水和积水，并保证基层表面平整。

3 膨润土防水毯进场时，应有产品合格证明及材料检测报告，并对进场材料进行复试，合格后方可使用。

9.3 材料和质量要求

9.3.1 地下膨润土防水材料防水层的材料应符合下列规定：

1 膨润土防水材料应符合下列规定：

1）膨润土防水材料中的膨润土颗粒应采用钠基膨润土，不应采用钙基膨润土；

2）膨润土防水材料应具有良好的不透水性、耐久性、耐腐蚀性和耐菌性；

3）膨润土防水毯非织布外表面宜附加一层高密度聚乙烯膜；

4）膨润土防水毯的织布层和非织布层之间应连接紧密、牢固，膨润土颗粒应分布均匀；

5）膨润土防水板的膨润土颗粒应分布均匀、粘贴牢固，基材应采用厚度为 0.6 mm～1.0 mm 的高密度聚乙烯片材。

2 膨润土防水材料的性能指标应符合表 9.3.1 的要求。

表 9.3.1　膨润土防水材料性能指标

项目		性能指标		
		针刺法钠基膨润土防水毯	刺覆膜法钠基膨润土防水毯	胶粘法钠基膨润土防水毯
单位面积质量（干重）/（g/m²）		$\geqslant 4\ 000$		
膨润土膨胀指数/（mL/2 g）		$\geqslant 24$		
拉伸强度/（N/100 mm）		$\geqslant 600$	$\geqslant 700$	$\geqslant 600$
最大负荷下伸长率/%		$\geqslant 10$	$\geqslant 10$	$\geqslant 8$
剥离强度	非制造布-编织布/（N/100 mm）	$\geqslant 40$	$\geqslant 40$	—
	PE 膜—非制造布/（N/100 mm）	—	$\geqslant 30$	—
渗透系数/（m/s）		$\leqslant 5.0 \times 10^{-11}$	$\leqslant 5.0 \times 10^{-12}$	$\leqslant 1.0 \times 10^{-12}$
滤失量/mL		$\leqslant 18$		
膨润土耐久性/（mL/2 g）		$\geqslant 20$		

9.3.2 地下膨润土防水材料防水层的质量应符合下列规定：

　　1　铺设后的膨润土防水毯需平整顺直，搭接尺寸符合要求，固定可靠，不得有扭曲、皱折。

　　2　膨润土防水材料宜采用机械固定法施工。

　　3　膨润土防水材料防水层施工期间应采取防雨措施。

9.4　施工工艺及作业规定

9.4.1 地下膨润土防水材料防水层的施工应按图 9.4.1 的流程进行。

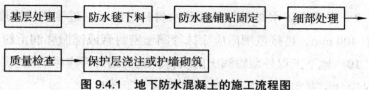

图 9.4.1　地下防水混凝土的施工流程图

9.4.2　地下膨润土防水材料防水层施工应符合下列规定：

1　膨润土防水材料防水层基面应坚实、清洁，不得有明水，基面平整度 D/L 不应大于 1/6，其中 D 是指基层相邻两凸面间凹陷的深度，L 是指基层相邻两凸面间的距离。

2　膨润土防水毯的织布面和膨润土防水板的膨润土面，均应与结构外表面密贴。

3　膨润土防水材料应采用水泥钉和垫片固定；立面和斜面上的固定间距宜为 400 mm ~ 500 mm，平面上应在搭接缝处固定。

4　膨润土防水材料的搭接宽度应大于 100 mm。搭接部位的固定间距宜为 200 mm ~ 300 mm，固定点与搭接边缘的距离宜为 25 mm ~ 30 mm，搭接处应涂抹膨润土密封膏。平面搭接缝处可干撒膨润土颗粒，其用量宜为 0.3 kg/m ~ 0.5 kg/m。

5　立面和斜面铺设膨润土防水材料时，应上层压着下层，卷材与基层、卷材与卷材之间应密贴，并应平整无褶皱。

6　膨润土防水材料分段铺设时，应采取临时防护措施。

7　甩槎与下幅防水材料连接时，应将收口压板、临时保护膜等去掉，并应将搭接部位清理干净，涂抹膨润土密封膏，然后搭接固定。

8　膨润土防水材料的收口部位应采用金属压条和水泥钉固定，并用膨润土密封膏覆盖。

9 膨润土防水材料与其他防水材料过渡时，过渡搭接宽度应大于 400 mm，搭接范围内应涂抹膨润土密封膏或铺撒膨润土粉。

10 地下工程外墙膨润土防水材料施工结束后应尽早回填，回填时应分层夯实，回填土夯实密实度应大于 85%。

9.4.3 地下膨润土防水材料防水层应包括下列技术要求：

1 膨润土防水毯和膨润土防水板铺设时，膨润土防水毯编织土工布面和膨润土防水板的膨润土面均应朝向主体结构的迎水面。

2 平面上在膨润土防水材料的搭接缝处固定，立面和斜面上除搭接缝处需要机械固定外，其他部位也必须进行机械固定，固定点宜呈梅花形布置。

3 采取临时遮挡措施，防止雨水直接淋在膨润土防水材料表面时导致膨润土颗粒提前膨胀，并在雨水的冲刷过程中出现流失的现象。

9.4.4 地下膨润土防水材料防水层应做好下列保护：

1 膨润土防水材料铺设在底板垫层表面时，应防止后续绑扎、焊接钢筋对膨润土防水材料防水层的破坏。

2 应在膨润土防水材料表面覆盖塑料薄膜等挡水材料，避免下雨或施工用水导致膨润土材料提前膨胀。特别是在雨期施工时，应采取临时遮挡措施对膨润土防水材料进行有效的保护。

3 对于膨润土防水毯需要长时间甩槎的部位应采取遮挡措施，避免阳光直射在膨润土防水材料表面。

9.5 质量标准

9.5.1 膨润土防水材料防水层分项工程检验批的抽样检验数量，

应按铺设面积每 100 m^2 抽查 1 处，每处 10 m^2，且不得少于 3 处。

9.5.2 主控项目及检验方法应包括下列内容。

1 膨润土防水材料必须符合设计要求。

检验方法：检查产品合格证、产品性能检测报告和材料进场检验报告。

2 膨润土防水材料防水层在转角处和变形缝、施工缝、后浇带、穿墙管等部位做法必须符合设计要求。

检验方法：观察检查和检查隐蔽工程验收记录。

9.5.3 一般项目及检验方法应包括下列内容。

1 膨润土防水毯的织布面或防水板的膨润土面，应朝向工程主体结构的迎水面。

检验方法：观察检查。

2 立面或斜面铺设的膨润土防水材料应上层压住下层，防水层与基层、防水层与防水层之间应密贴，并应平整无折皱。

检验方法：观察检查。

3 膨润土防水材料的搭接和收口部位应符合第 9.4.2 条中第 3 款、第 4 款、第 8 款的规定。

检验方法：观察和尺量检查。

4 膨润土防水材料搭接宽度的允许偏差应为 – 10 mm。

检验方法：观察和尺量检查。

10 厨房、厕浴间防水层

10.1 一般规定

10.1.1 本施工工艺适用于工业与民用建筑中厨房、厕浴间等楼地面无压力防水的房间。

10.1.2 防水涂料：应满足设计要求的品种、规格、性能，并符合现行国家标准和规范的要求；不得使用溶剂型防水涂料。

10.1.3 材料在使用前应按规定取样、复检合格。

10.1.4 系易燃品的防水涂料，运输中严格防止日晒雨淋，禁止接近明火，不得碰撞和扔、摔，保持包装完好无损。

10.1.5 材料应密封贮放在仓库内，存放于干燥、通风处，禁止接近火源。

10.1.6 厨房、厕浴间的楼、地面应设置防水层，门口应有阻止积水的措施。

10.1.7 厨房、厕浴间的墙或有直接被淋水的墙（如淋浴间、小便槽处），应做墙面防水层，防水层的设置高度应符合设计要求。

10.1.8 有防水要求的建筑地面工程，铺设前必须对立管、套管和地面与楼板节点之间进行密封处理，排水坡度应符合设计要求。

10.1.9 当厨房设有地漏，地漏的排水支管不应穿过楼板进入下层住户的居室。

10.1.10 厨房、厕浴间防水施工现场应配备防火器材，注意防火、防毒。

10.2 细部构造

10.2.1 地漏与楼板交接处细部构造处理见图 10.2.1。

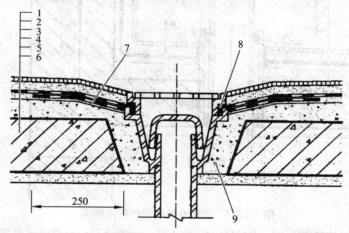

图 10.2.1 地漏防水构造

1—楼、地面面层；2—黏结层；3—防水层；4—找平层；5—垫层或找坡层；
6—钢筋混凝土楼板；7—防水层的附加层；8—密封膏；
9—C20 细石混凝土掺聚合物填实

10. 2. 2 管道与楼板交接处细部构造处理见图 10.2.2。

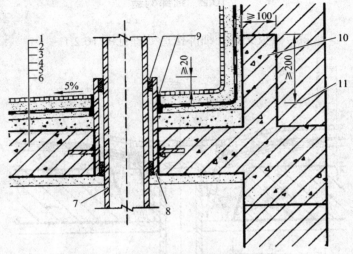

图 10.2.2　管道穿越楼板的防水构造

1—楼、地面面层；2—黏结层；3—防水层；4—找平层；5—垫层或找坡层；
6—钢筋混凝土楼板；7—排水立管；8—防水套管；9—密封膏；
10—C20 细石混凝土翻边；11—装饰层完成面高度

10. 2. 3 大便器与楼板交接处细部构造处理见图 10.2.3。

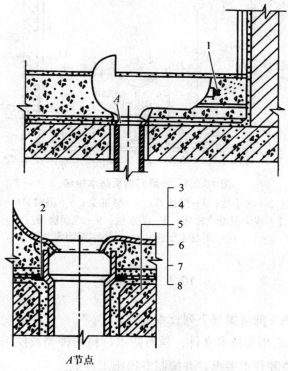

*A*节点

图 10.2.3 大便器蹲坑防水做法

1—外做涂膜防水保护；2—密封膏；3—大便器底；4—1：6 水泥焦渣垫层；
5—15 mm 厚 1：2.5 水泥砂浆找平层；6—防水层；
7—20 mm 厚 1：2.5 水泥砂浆找平层；
8—钢筋混凝土楼板

10.2.4 浴厕间剖面防水做法见图 10.2.4。

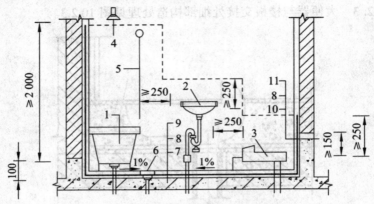

图 10.2.4 浴厕间剖面防水做法
1—浴缸；2—洗手池；3—蹲便器；4—喷淋头；5—浴帘；6—地漏；
7—现浇混凝土楼板；8—防水层；9—地面饰面层；
10—混凝土泛水；11—墙面饰面层

10.3 施工准备

10.3.1 施工前应做好下列技术准备。

1 熟悉相关技术文件，核对防水材料的种类及使用部位，明确细部构造和技术要求，并编制专项施工方案。

2 防水涂料的试配：按产品说明进行试配，明确防水涂料的调和试配。

3 技术交底：施工前由技术负责人逐层进行技术交底。

4 制定保证质量的措施。

10.3.2 厨房、厕浴间的防水材料应符合下列规定。

1 按设计要求对防水材料进行品种、规格验收。

68

2 进场的防水材料，应抽样复检，并应提供检验报告。严禁使用不合格材料。

3 防水材料及防水施工过程不得对环境造成污染。

10.3.3 施工组织及主要机具

1 施工前准备阶段的施工组织应符合下列要求。

1）人员配备：需配备试验员、材料员、计量员及涂膜防水施工操作人员。

2）要求：各类人员要求培训后持证上岗，熟知各自工作的规定及制度。

2 施工前准备的主要机具应包括：

1）施工机具：计量设备、电动搅拌器、拌料桶、油漆桶、塑料或橡胶刮板、滚动刷、油漆刷、凿子、锤子、铲子、抹子、扫帚、抹布、灭火器等。

基面处理工具：手用钢丝刷、电动钢丝刷等。

2）计量工具：计量防水剂、水泥、砂子、水等。

3）进行质量检验的器具。

10.3.4 施工前应有下列作业条件：

1 找层使用水泥砂浆应抹平压光，坚实平整，不得有起砂、剥落、蜂窝、裂缝、松动等现象，含水率符合施工要求。

2 找坡层坡度及坡向正确，找平层表面洁净，不得有浮灰、杂物、油污等；空隙仅允许平缓变化，不得局部积水。

3 找平层在转角、阴角、阳角部位宜做成圆弧形。

4 与找平层相连接的管件、卫生洁具、地漏、排水口等必须安装牢固、收头圆滑，应预留宽 10 mm，深 10 mm 的环形凹槽，槽内应按设计要求用密封材料嵌固。

10.4 施工工艺及作业规定

10.4.1 厨房、厕浴间涂料防水层的施工应按图 10.4.1-1 的流程进行；卷材防水层的施工应按图 10.4.2 的流程进行

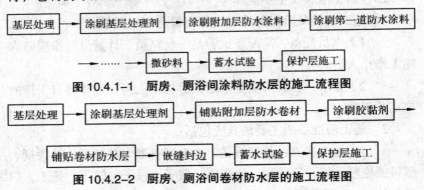

图 10.4.1-1 厨房、厕浴间涂料防水层的施工流程图

图 10.4.2-2 厨房、厕浴间卷材防水层的施工流程图

10.4.2 厨房、厕浴间涂料防水层施工应符合下列规定。

1 基层处理：涂刷防水层施工前，先将基层表面的杂物、砂浆硬块等清扫干净，并用干净的抹布擦一次，经检查基层无不平、空裂、起砂等缺陷，方可进行下道工序。

2 涂刷基层处理剂。

1）配制基层处理剂：反应型防水涂料按设计要求的比例（重量比）配合，用电动搅拌器强制搅拌 3 min ~ 5 min，至充分拌和均匀即可使用，配好的料在 2 h 内用完。

2）底胶涂刷基层处理剂：将配制好的基层处理剂，用长把滚刷均匀涂刷在基层表面，涂刷量为 0.2 kg/m² ~ 0.3 kg/m²，涂刷后约 4 h 手感不黏时，即可做下道工序。

3 涂刷附加层防水涂料：穿过墙、顶、地的管根部，地漏、

排水口、阴阳角、变形缝等部位，应在涂层大面积施工前，先做好上述部位的增强涂层（附加层），并应夹铺胎体增强材料，附加层的宽度和厚度应符合设计要求。

附加涂层做法：在涂膜附加层中铺设胎体增强材料，胎体增强材料的质量要求要达到表10.4.2的规定。涂膜操作时用板刷刮涂料驱除气泡，将胎体增强材料紧密地粘贴在基层上，阴阳角部位为条形，管根为块形（三面角裁剪进行铺设），可多次涂刷涂膜。

表 10.4.2 胎体增强材料质量要求

项目		质量要求		
		聚酯纤维无纺布	化纤无纺布	耐碱玻璃纤网布
外观		均匀，无团状，平整无折皱		
拉力（宽 50 mm）/N	纵向，≥	150	45	90
	横向，≥	100	35	50
延伸率/%	纵向，≥	10	20	3
	横向，≥	20	25	3

4 涂刷防水涂料应符合下列规定：

1）在涂膜附加层固化并干燥后，应先检查附加层部位有无残留的气孔或气泡，如没有，即可涂刷第一层涂膜；如有气孔或气泡，则应用橡胶刮板将混合料用力压入气孔，局部再刷涂膜，然后进行第一层涂膜施工。涂刷第一道防水涂料时，可用塑料或橡皮刮板均匀涂刮，力求厚度一致。

2）在第一道涂膜固化后，即可在其上均匀地涂刷第二道涂膜，涂刷方向应与第一道的涂刮方向相垂直，第二道与第一道间隔的时间一般不小于 24 h，亦不大于 72 h。

3）涂刷第三道涂膜：涂刷方法与第二道涂膜相同，但方向应与其垂直。

4）按上述步骤，涂刮至规定遍数。

5 稀撒砂粒：在最后一道涂膜固化之前，在其表面稀撒粒径约 2 mm 的砂粒。

6 蓄水试验：待防水屋完全干燥固化后，可进行蓄水试验。蓄水试验区蓄水高度不应小于 20 mm，蓄水时间不应小于 24 h，蓄水试验期内无渗漏即为合格。

7 保护层施工：防水层质量验收合格后，即可根据建筑设计要求抹水泥砂浆保护层。

10.4.3 厨房、厕浴间卷材防水层施工应符合下列规定。

1 基层处理：应符合第 10.4.2 条中第 1 款的规定。

2 涂刷基层处理剂。

1）基层潮湿时，应涂刷湿固化胶黏剂或潮湿截面隔离剂。

2）基层处理剂不得在施工现场配制或添加溶剂稀释。

3）基层处理剂应涂刷均匀，无露底、堆积。

4）基层处理剂干燥后应立即进行下道工序的施工。

3 防水卷材应在阴阳角、管根、地漏等部位先铺设附加层，附加层材料可采用与防水层同品种的卷材或与卷材相容的涂料。

4 聚乙烯丙纶复合防水卷材施工时，基层应湿润，但不得有明水。

10.5 质量标准

10.5.1 主控项目及检验方法应包括下列内容。

1 涂膜防水材料性能必须符合设计和有关标准规定。

检验方法：检查出厂合格证、质量检验报告、计量措施和现场抽样复检报告。

2 涂料防水层及其局部应加强的变形缝、预埋管件处、阴阳角等部位的做法，必须符合设计要求和施工规范的规定，不得渗漏水。

检验方法：观察、检查施工记录。

3 涂料防水层厚度不小于设计规定。

检验方法：采用用量控制厚度的方法。

4 卷材防水层所使用的卷材和主要配套材料必须符合设计要求，厚度不小于设计规定。

检验方法：检查出厂合格证、质量检验报告和现场抽样试验报告。

10.5.2 一般项目及检验方法应包括下列内容。

1 防水层的基层应牢固，表面洁净，密实平整，阴阳角呈圆弧形，基层处理剂应涂刷均匀，无漏涂。

检验方法：观察检查。

2 附加层的涂刷方法、搭接、收头应按设计要求，黏结必须牢固，接缝封闭严密，无损伤、空鼓等缺陷。

检验方法：观察、检查施工记录。

3 涂料防水层厚度均匀，黏结牢固严密，不允许有脱落、开裂、孔眼、涂刷压接不严密的缺陷。

检验方法：检查、手摸。

4 涂料防水层表面不应有积水和渗水的现象。保护层不得有空鼓、裂缝、脱落的现象。

检验方法：观察检查。

5 防水层表面平整度的允许偏差不宜大于4mm。

检验方法：用2m靠尺和楔形塞尺检查。

6 卷材防水层的搭接缝应黏结牢固、密封严密，不得有褶皱、翘边和鼓泡等缺陷。

检验方法：观察检查。

11 外墙水泥砂浆防水层

11.1 一般规定

11.1.1 建筑外墙防水防护应具有防止雨水雪水侵入墙体的基本功能，并应具有抗冻融、耐高低温、承受风荷载等性能。

11.1.2 水泥砂浆防水层所用材料包括普通水泥防水砂浆、聚合物水泥防水砂浆、掺外加剂和掺合料的防水砂浆，宜采用多层抹压法施工。

11.1.3 水泥砂浆防水层主要用于外墙的迎水面。

11.1.4 防水层应在基层验收合格后施工。

11.1.5 外墙门框、窗框应在防水层施工前安装完毕，并应验收合格；伸出外墙的管道、设备或预埋件也应在建筑外墙防水施工前安装完毕。

11.1.6 门窗框与墙体间的缝隙宜采用聚合物水泥防水砂浆或发泡聚氨酯填充。外墙防水层应延伸至门窗框，防水层与门窗框间应预留凹槽、嵌填密封材料；门窗上楣的外口应做滴水处理；外窗台应设置不小于 5%的外排水坡度，下部应做滴水，与墙面交角处应做成小圆角。

11.1.7 阳台栏杆与外墙交界处应用聚合物水泥砂浆做好嵌填处理。

11.1.8 外墙变形缝处必须做防水处理。在防水处理时，高分子防水卷材和高分子涂膜条在变形缝处必须做成 U 形，并在两端与墙面黏结牢固，以利伸缩；而防腐蚀金属板在中间也需弯成倒三角形，并用水泥钉固定在基层上。

11.1.9 混凝土外墙找平层抹灰前,对混凝土外观质量应详细检查,如有裂缝、蜂窝、孔洞等缺陷时,应先补强,密封处理后方可抹灰。

11.1.10 外墙凡穿过防水层的管道、预留孔、预埋件两端连接处,均应采用柔性密封材料处理,或采用聚合物水泥砂浆封严。穿过外墙的管道宜采用套管,套管应内高外低,坡度不应小于 5%,套管周边应作防水密封处理。

11.1.11 阳台、露台等地面应做防水处理,应向水落口设置不小于1%的排水坡度,水落口周边应留槽嵌填密封材料;阳台外口下沿应做滴水线设计;防水层沿外墙翻起的高度应不小于 100 mm。

11.2 施工准备

11.2.1 施工前应做好下列技术准备。

1 熟悉图纸及要求。

2 编制施工方案或技术措施,进行施工前技术交底和工人上岗培训。

3 应按照设计要求确定配合比:配制乳液类聚合物水泥防水砂浆前,乳液应先搅拌均匀,再按规定比例加入拌和料中搅拌均匀;干粉类聚合物水泥防水砂浆应按规定比例加水搅拌均匀。

4 根据设计及技术要求确定材料品种,并根据工程量确定材料用量和计划。

11.2.2 外墙水泥砂浆防水层的材料应符合下列规定:

1 水泥:水泥品种应按设计要求选用,强度等级应不低于

32.5，其性能指标符合国家标准规定；不得使用过期或受潮水泥；禁止将不同品种、不同强度等级及不同生产批次的水泥混用。

2 砂：宜选用中砂，粒径在 2.36 mm 以下，含泥量不得大于 1%，硫化物和硫酸盐含量不得大于 1%。

3 水：不含有害物质。

4 聚合物：外观无颗粒、异物和凝固物，且技术性能符合现行国家或行业标准规定，并应按产品说明书正确使用。

5 外加剂和掺合料：其技术性能符合现行国家或行业标准一等品以上规定，并应按产品说明书正确使用。

11.2.3 施工前准备的主要机具应包括凿子、锤子、铲子、刮尺、扫帚、铁锹、榔头、吊篮、砂浆搅拌机、灰板、铁抹子、木抹子、阴阳角抹子、桶、灰槽、钢丝刷、软毛刷、靠尺、塞尺、脚手架。

11.2.4 施工前应有下列作业条件：

1 结构验收合格，且已办好验收手续。

2 门窗洞口、预留孔洞、管道进出口等细部处理已完毕。

3 外墙结构表面的油污、浮浆应清除，孔洞、缝隙应堵塞抹平，不同结构材料交接处的增强处理材料应固定牢固。

4 外墙防水层的基层应平整、坚实、牢固、干净，不得有酥松、起砂、起皮现象。

5 块材的勾缝应连续、平直、密实、无裂缝、无空鼓。

11.3 施工工艺及作业规定

11.3.1 外墙水泥砂浆防水层的施工应按图 11.3.1 的流程进行

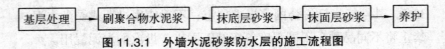

图 11.3.1　外墙水泥砂浆防水层的施工流程图

11.3.2　外墙水泥砂浆防水层的施工应符合下列规定：

1　混凝土基层应进行凿毛处理，使基层表面平整、坚实、粗糙、清洁，并充分润湿，无积水。当基层表面凹凸不平的深度大于 10 mm 时，应用水泥浆和水泥砂浆分层找平，抹完后将砂浆表面扫毛。

砌体基层表面应将外墙表面残留的灰浆、松散的附着物清除干净。

基层表面的孔洞、缝隙应先采用聚合物水泥砂浆堵塞、压实、抹平。

基层处理后应浇水润湿，次日施工前不得有明水。

窗台、窗楣和凸出墙面的腰线等部位上表面的流水坡应找坡准确，外口下沿的滴水线应连续、顺直。

门框、窗框、管道、预埋件等与防水层相接处应留 8 mm ~ 10 mm 宽的凹槽，密封处理应在防水砂浆达设计强度的 80%后进行，密封前应将凹槽清理干净，密封材料应嵌填密实。

2　按 0.37 ~ 0.4 的水灰比将聚合物和水泥拌和成为聚合物水泥浆。先刷一层 1 mm 厚聚合物水泥浆，用铁抹子往返抹压 5 遍 ~ 6 遍，随即再抹 1 mm 厚素水泥浆找平，并用毛刷横向轻扫一遍。

3　将材料拌和均匀，进行抹灰操作，底层砂浆抹灰厚度为 5 mm ~ 10 mm，在水泥砂浆硬化过程，用铁抹子分次抹压 5 ~ 6 遍，最后压光。

厚度大于 10 mm 时应分层施工，第二层应待前一层指触不黏时进行，各层应黏结牢固，每层宜连续施工。当需留槎时，应采用阶梯坡形槎，接槎部位离阴阳角不得小于 200 mm，上下层接槎应错开 300 mm 以上。接槎应依层次顺序操作、层层搭接紧密。

水泥砂浆要随拌随用，拌和后使用时间宜在 1 h 内用完；施工中不得任意加水。严禁使用拌和后超过初凝时间的砂浆。

4 刷完素水泥浆后，紧接着抹面层砂浆，抹灰厚度为 5 mm ~ 10 mm，抹灰操作应与第一层垂直，先用木抹子搓平，然后用铁抹子压实、压光、抹平，抹平、压实应在初凝前完成，遇气泡时应挑破，保证铺抹密实。

5 砂浆防水层未达到中凝时，不得浇水养护或直接受雨水冲刷。普通防水砂浆防水层应在终凝后进行保湿养护，温度不宜低于 5 ℃（养护期间不得受冻），每天洒水 2 ~ 3 次，养护时间不宜少于 14 d。

聚合物水泥防水砂浆，掺外加剂、掺合料的防水砂浆，其养护应按照产品有关规定进行。

11.3.3 外墙水泥砂浆防水层的施工注意事项应符合下列规定。

1 抹灰架子应离墙面 150 mm，拆架时应不得碰坏墙面。

2 基层的孔洞及缝隙应先用与防水层一样的砂浆填塞抹平。

3 水泥砂浆防水层分层铺抹或喷涂，铺抹时应压实、抹平和表面压光。

4 防水层各层应紧密结合，每层宜连续施工，留施工缝时必须采用阶梯坡形槎，且离阴阳角处不得小于 200 mm。

5 砂浆防水层转角宜抹成圆弧形，圆弧半径应不小于 5 mm，转角抹压应顺直。

6 外墙防水施工完工后，应采取保护措施，不得损坏防水层。砂浆防水层分格缝的留设位置和尺寸应符合设计要求。

7 外墙防水施工严禁在雨天、雪天和五级风及其以上时施工；施工的环境气温宜为 5 ℃～35 ℃。施工时应采取安全防护措施。

8 冬期施工时气温不宜低于 5 ℃，基层表面温度应保持在 0 ℃以上；夏季施工不宜在 35 ℃以上或烈日照射下进行。

11.4 质量标准

11.4.1 防水层的施工质量检验数量应按防水面积每 100 m² 抽查一处，每处 10 m²，不得少于 3 处。

11.4.2 主控项目及检验方法应包括下列内容。

1 防水砂浆的所有原材料（水泥、砂、外加剂、掺合料、聚合物）及配合比必须符合设计要求。

检验方法：检查产品合格证、质量检验报告、计量措施和现场抽样复检报告。

2 水泥砂浆防水层与基层之间及防水层各层之间应结合牢固，无空鼓、裂缝等现象。

检验方法：观察、采用小锤轻击检查。

3 水泥砂浆防水层不得有渗漏现象。

检验方法：持续淋水 30 min 后观察检查。

4 水泥砂浆防水层在门窗洞口、穿墙管、预埋件、分格缝及收头等部位的节点做法，应符合设计要求。

检验方法：观察检查和检查隐蔽工程验收记录。

11.4.3 一般项目及检验方法应包括下列内容。

1 水泥砂浆防水层表面应密实、平整，无裂纹、起砂、麻面等缺陷，阴阳角应做成圆弧形。

检验方法：观察。

2 水泥砂浆防水层施工缝留槎位置应正确，接槎应按层次顺序操作，层层搭接紧密。

检验方法：观察检查和检查隐蔽工程验收记录。

3 水泥砂浆防水层的平均厚度应符合设计要求，最小厚度不得小于设计值的 80%。

检验方法：观察、量尺。

12 外墙拼缝防水

12.1 一般规定

12.1.1 门窗框与墙体间的缝隙宜采用聚合物水泥防水砂浆或发泡聚氨酯填充。外墙防水层应延伸至门窗框,防水层与门窗框间应预留凹槽、嵌填密封材料;门窗上楣的外口应做滴水处理;外窗台应设置不小于 5%的外排水坡度,下部应做滴水,与墙面交角处应做成小圆角。

12.1.2 阳台栏杆与外墙交界处应用聚合物水泥砂浆做好嵌填处理。

12.1.3 外墙变形缝处必须做防水处理。在防水处理时,高分子防水卷材或高分子涂膜条在变形缝处必须做成 U 形,并在两端与墙面黏结牢固,以利伸缩;而防腐蚀金属板在中间也需弯成倒三角形,并用水泥钉固定在基层上。

12.1.4 混凝土外墙找平层抹灰前,对混凝土外观质量应详细检查,如有裂缝、蜂窝、孔洞等缺陷时,应先补强,密封处理后方可抹灰。

12.1.5 空心砌块外墙门窗沿口周边 200 mm 内的砌体应采用实心砌块砌筑或采用 C20 细石混凝土填实。

12.1.6 钢、木门窗框与墙体之间的缝隙应采用水泥砂浆嵌填密实,铝合金门窗与墙体之间的缝隙应采用柔性材料嵌填密实。

12.1.7 不同结构材料的交接处应采用每边不少于 150 mm 的耐碱玻璃纤维网格布或经防腐处理的金属网片做抗裂增强处理。

12.2 施工准备

12.2.1 施工前应做好下列技术准备：

1 熟悉图纸，编制施工方案。

2 进行施工前的技术交底。

3 根据设计要求选择确定所用材料的品种，并根据工程量编制材料用量计划。

12.2.2 外墙拼缝防水的材料应符合下列规定：

1 密封材料：其技术性能符合国家或行业标准规定，并按照产品说明书正确使用。

2 背衬材料：主要采用聚乙烯塑料泡沫作为背衬材料（棒材或管材），可起到防止密封材料与板缝黏结的作用。其技术性能符合国家或行业标准规定，并按照产品说明书正确使用。

3 基层处理剂：用于板缝壁的初级密封防水处理，其作用是提高密封材料与板缝壁基层的黏结力，增强材料的密封防水和抗渗能力。基层处理剂应选用与密封材料性能基本相溶的材料，溶解于相应的有机溶剂中制成，其固含量宜在 25%～35%。

4 隔离条：扁薄形材料，用于基底较浅（如金属拼接缝）的板缝，防止密封材料与基底黏结或隔离背衬材料与密封材料的黏结。其技术性能符合现行国家或行业标准规定。

5 有机溶剂：用作稀释密封材料和清洗施工机具。其技术性能符合现行国家或行业标准规定，并注意防火。

12.2.3 施工前准备的主要机具应包括脚手架、吊篮、高压吹风机、油漆刷、小桶、嵌缝枪、开刀、防污护面胶带。

12.2.4 施工前应有下列作业条件：

1 门窗洞口、预留孔洞、管道进出口等细部处理已完毕。

2 作业前必须将表面尘土、杂物、砂浆疙瘩等清扫干净。

3 基层表面应平整、坚实、清洁、干燥。

12.3 施工工艺及作业规定

12.3.1 外墙拼缝防水的施工应按图 12.3.1 的流程进行。

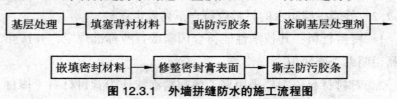

图 12.3.1 外墙拼缝防水的施工流程图

12.3.2 外墙拼缝防水的施工应符合下列规定：

1 外墙基层处理方法见表 12.3.2。

表 12.3.2 基层处理方法

项次	基层	可能出现的不利影响因素	处理方法
1	金属幕墙	锈蚀	金属刷或砂子刷；除锈枪处理
		油渍	采用有机溶剂溶解后再用白布揩干净
		涂料	用小刀刮除；用有机溶剂溶解后再用白布揩干
		水分	用白布揩干净
		尘埃	用甲苯清洗再用白布揩干净
2	PC 幕墙	表面附着物	用相关溶剂清洗再用白布揩干净
		浮渣	用锤子或刷子清除

项次	基层	可能出现的不利影响因素	处理方法
3	各种外装饰板	浮渣、浮浆	处理方法同 PC 幕墙
		强度较弱的地方	敲除再重新补上
4	玻璃周边接缝	油渍	用甲苯清洗再用白布揩干净
5	金属制隔扇	同金属幕墙	同金属幕墙
6	压顶木	木质腐朽	清除
		油渍	刨去油渍
7	混凝土墙	尘土、浮灰、碎渣及基底的污泥杂物	铲除凸出灰渣，清扫松散杂物、灰尘，再用笤帚（或油漆刷）和高压吹风机清除干净

外墙板缝宽度宜为 15 mm ~ 30 mm，板缝两侧的基层应处理坚实、平整、干净、干燥。

2 根据外墙板缝的宽度，选择比该缝隙宽度大 4 ~ 6 mm 的聚乙烯塑料泡沫为背衬材料，填塞至缝内一定深度。

3 为了防止在进行嵌缝施工时，密封材料污染外墙板的板缝周边，需要在板缝两侧正面边缘粘贴防污胶条，其宽度约为 15 mm ~ 25 mm。防污胶条不得贴入缝槽内，也不得远离缝槽，宜离缝槽立面 1 mm ~ 2 mm。

在正式嵌填密封施工前，为了提高密封材料与板缝内部两侧基层的黏结能力，对已填塞衬垫材料的缝隙，应采用高压吹风机将残余的灰尘等喷吹干净。

4 用油漆刷蘸取基层处理剂，均匀涂刷在缝隙两侧的基层表面上，不得漏涂。

5 待基层处理剂表面干燥时嵌填密封材料，一般在涂刷完基层处理剂 0.5 h 左右。

施工时应根据缝槽宽度选用合适的挤出嘴，或将锥体塑料嘴按缝槽宽度斜切开。从纵横缝交叉处开始，把枪嘴深入缝槽底部，并按挤出嘴的斜度倾斜，缓慢均匀边挤边退，让密封材料从衬垫材料表面由底向面逐渐填满整个缝槽，退时不能让枪嘴露出嵌填材料的外面。

嵌填时一般应先嵌填垂直于地面的竖向缝槽，后嵌填平行于地面的横向缝槽。竖向缝槽应从墙根处由下向上进行嵌填，当竖向缝槽缓慢向上移动至横向交叉处的"十"字形缝槽时，应向两侧横向缝槽各移动嵌填 150 mm，并留成斜槎，以便于接槎施工。

接槎时，应先挤出枪嘴空气，再把挤出嘴按倾斜度插入缝槽内已嵌填的密封材料内，挤出嘴应直抵背衬材料表面，再按上述嵌填的方法进行嵌填。

6 外墙板缝填满密封膏后，要立即用蘸过有机溶剂的刮刀，把超过外墙表面多余的密封材料刮平，并对较薄的部位进行添加补平。刮平时，刮刀应有一定倾斜度，并顺一个方向进行，刮成光滑表面。不能来回刮抹，否则容易形成裂缝。

7 把密封膏表面刮平、修整平整后，应及时将缝隙两侧的防污胶条撕去。如墙体表面粘有少量密封材料或防污胶条的黏结痕迹，应根据材料性质，用相应有机溶剂或水擦除。擦除时，要防止溶剂损坏或溶开密封材料与外墙板黏结。

12.3.3 外墙拼缝防水的施工注意事项应符合下列规定：

1 聚乙烯塑料泡沫背衬材料的填塞深度应足够，一般宜等于或大于板缝深度的 1/2。

2 嵌填拼接缝的做法应符合设计要求，嵌填的接槎方法应正确。

3 嵌填拼接缝施工时，现场应通风良好。操作人员应在可靠的架子上进行施工，并穿戴相应防护用品。

4 嵌填密封材料前应清理周边环境，防止污染。

5 施工不宜在雨天及 5 级以上大风中进行。

6 施工完毕后，应按材料使用说明在规定时间内进行养护，使其自然固化。

12.4 质量标准

12.4.1 主控项目及检验方法应包括下列内容。

1 嵌填密封材料符合设计要求，且质量符合现行相关国家或行业标准规定。

检验方法：检查产品合格证、质量检验报告、抽样复检报告。

2 嵌填密封材料后的外墙板缝不允许有渗漏水的现象。

检验方法：采用选点浇水或在雨后进行观察。

12.4.2 一般项目及检验方法应包括下列内容。

密封材料嵌填必须密实、连续、饱满，与基层黏结牢固、封闭严密，无气泡、开裂、脱落等缺陷。

检验方法：观察。

13 质量记录

13.1 一般规定

13. 1. 1 分项工程所含检验批的质量验收记录应完整。

13. 1. 2 质量控制资料应齐完整。

13.2 记录

13. 2. 1 地下防水工程记录资料应符合表 13.2.1 的规定。

表 13.2.1　地下防水工程记录资料

序号	项目	记录资料
1	防水设计	施工图、设计交底记录、图纸会审记录、设计变更通知单和材料代用核定单
2	资质、资格证明	施工单位资质及施工人员上岗证复印证件
3	施工方案	施工方法、技术措施、质量保证措施
4	技术交底	施工操作要求及安全等注意事项
5	材料质量证明	产品合格证、产品性能检测报告、材料进场检验报告
6	混凝土、砂浆质量证明	试验及施工配合比、混凝土抗压强度、抗渗性能检验报告，砂浆黏结强度、抗渗性能检验报告
7	中间检查记录	施工质量验收记录、隐蔽工程验收记录、施工检查记录
8	检验记录	渗漏水检测记录、观感质量检查记录
9	施工日志	逐日施工情况
10	其他资料	事故处理报告、结束总结

13.2.2 地下防水工程应对下列部位做好隐蔽工程验收记录：

 1 防水层的基层；

 2 防水混凝土结构和防水层被掩盖的部位；

 3 施工缝、变形缝、后浇带等防水构造的做法；

 4 管道穿过防水层的封固部位；

 5 渗排水层、盲沟和坑槽；

 6 结构裂缝注浆处理部位；

 7 衬砌前围岩渗漏水处理部位；

13.2.3 地下防水工程验收后，应填写子分部工程质量验收记录，随同工程验收资料分别由建设单位和施工单位存档。

13.2.4 室内防水施工的各种材料应有产品合格证书和性能检测报告。材料的品种、规格、性能等应符合现行国家或行业的有关标准和防水设计的要求。

13.2.5 室内防水工程验收后，工程质量验收记录应进行存档。

13.2.6 外墙防水工程验收时，应提交下列技术资料并归档：

 1 外墙防水工程的设计文件，图纸会审、设计变更、洽商记录单；

 2 主要材料的产品合格证、质量检验报告、进场抽检复验报告、现场施工质量检测报告；

 3 施工方案及安全技术措施文件；

 4 隐蔽工程验收记录；

 5 雨后或淋水检验记录；

 6 施工记录和施工质量检验记录。

附录 A 防水工程建筑材料标准目录

A.0.1 现行建筑防水材料标准应按表 A 的规定选用。

表 A 现行建筑防水材料标准

类别	标准名称	标 准 号
改性沥青防水卷材	1. 改性沥青聚乙烯胎防水卷材 2. 带自粘层的防水卷材 3. 弹性体改性沥青防水卷材 4. 塑性体改性沥青防水卷材 5. 自粘聚合物改性沥青防水卷材	GB 18967 GB/T 23260 GB 18242 GB 18243 GB 23441
合成高分子防水卷材	1. 聚氯乙烯防水卷材 2. 氯化聚乙烯防水卷材 3. 氯化聚乙烯-橡胶共混防水卷材 4. 高分子防水材料 第1部分：片材	GB 12952 GB 12953 JC/T 684 GB 18173.1
防水涂料	1. 水乳型沥青防水涂料 2. 聚氨酯防水涂料 3. 溶剂型橡胶沥青防水涂料 4. 聚合物乳液建筑防水涂料 5. 聚合物水泥防水涂料 6. 建筑防水涂料用聚合物乳液	JC/T 408 GB/T 19250 JC/T 852 JC/T 864 GB/T 23445 JC/T 1017
密封材料	1. 聚氨酯建筑密封胶 2. 聚硫建筑密封胶 3. 建筑用硅酮结构密封胶 4. 硅酮建筑密封胶 5. 建筑防水沥青嵌缝油膏 6. 混凝土建筑接缝用密封胶 7. 丁基橡胶防水密封胶黏带	JC/T 482 JC/T 483 GB 16776 GB/T 14683 JC/T 207 JC/T 881 JC/T 942
刚性防水材料	1. 砂浆、混凝土防水剂 2. 混凝土膨胀剂 3. 水泥基渗透结晶型防水材料 4. 聚合物水泥防水砂浆	JC 474 GB 23439 GB 18445 JC/T 984

类别	标准名称	标准号
其他防水材料	1. 高分子防水材料 第2部分：止水带 2. 高分子防水材料 第3部分：遇水膨胀橡胶 3. 高分子防水卷材胶黏剂 4. 沥青基防水卷材用基层处理剂 5. 膨润土橡胶遇水膨胀止水条 6. 遇水膨胀止水胶 7. 钠基膨润土防水毯	GB 18173.2 GB 18173.3 JC/T 863 JC/T 1069 JG/T 141 JG/T 312 JG/T 193
防水材料试验方法	1. 沥青防水卷材试验方法 2. 建筑胶黏剂通用试验方法 3. 建筑密封材料试验方法 4. 建筑防水涂料试验方法 5. 建筑防水材料老化试验方法	GB/T 328 GB/T 12954 GB/T 13477 GB/T 16777 GB/T 18244

注：应用本表标准时，必须符合所用标准的现行年代。

附录 B　建筑防水工程材料现场抽样复验的规定

表 B　建筑防水工程材料现场抽样复验项目

序号	材料名称	现场抽样数量	外观质量检验	物理性能检验
1	高聚物改性沥青类防水卷材	大于 1 000 卷抽 5 卷,每 500 ~ 1 000 卷抽 4 卷,100 ~ 499 卷抽 3 卷,100 卷以下抽 2 卷,进行规格尺寸和外观质量检验。在外观质量检验合格的卷材中,任取一卷作物理性能检验	断裂、皱折、孔洞、剥离、边缘不整齐、胎体露白、未浸透、撒布材料粒度、颜色,每卷卷材的接头	可溶物含量,拉力,延伸率,低温柔度,热老化后低温柔度,不透水性
2	合成高分子类防水卷材	大于 1 000 卷抽 5 卷,每 500 ~ 1 000 卷抽 4 卷,100 ~ 499 卷抽 3 卷,100 卷以下抽 2 卷,进行规格尺寸和外观质量检验。在外观质量检验合格的卷材中,任取一卷作物理性能检验	折痕,杂质,胶块,凹痕,每卷卷材的接头	断裂拉伸强度,断裂伸长率,低温弯折性,不透水性,撕裂强度
3	有机防水涂料	每 5 t 为一批,不足 5 t 按一批抽样	均匀黏稠体,无凝胶,无结块	潮湿基面黏结强度,涂膜抗渗性,浸水 168 h 后拉伸强度,浸水 168 h 后断裂伸长率,耐水性
4	无机防水涂料	每 10 t 为一批,不足 10 t 按一批抽样	液体组分:无杂质、凝胶的均匀乳液　　固体组分:无杂质、结块的粉末	抗折强度,黏结强度,抗渗性
5	膨润土防水材料	每 100 卷为一批,不足 100 卷按 1 批抽样;100 卷以下抽 5 卷,进行尺寸偏差和外观质量检验。在外观质量检验合格的卷材中,任取一卷作物理性能检验	表面平整,厚度均匀,无破洞、破边,无残留断针,针刺均匀	单位面积质量,膨润土膨胀系数,渗透系数,滤失量

序号	材料名称	现场抽样数量	外观质量检验	物理性能检验
6	混凝土建筑接缝用密封胶	每 2 t 为一批，不足 2 t 按一批抽样	细腻，均匀膏状物或黏稠液体，无气泡，结皮和凝胶现象	流动性，挤出性，定伸黏结性
7	橡胶止水带	每月同标记的止水带产量为一批抽样	尺寸公差、开裂，缺胶，海绵状，中心孔偏心，凹痕，气泡，杂质，明疤	拉伸强度，扯断伸长率，撕裂强度
8	腻子性遇水膨胀止水条	每 5 000 m 为一批，不足 5 000 m 按一批抽样	尺寸公差；柔软、弹性匀质，色泽均匀，无明显凹凸	硬度，7 d 膨胀率，最终膨胀率，耐水性
9	遇水膨胀止水胶	每 5 t 为一批，不足 5 t 按一批抽样	细腻，黏稠，均匀膏状物，无气泡，结皮和凝胶	表干时间，拉伸强度，体积膨胀倍率
10	弹性橡胶密封垫材料	每月同标记的密封垫材料产量为一批抽样	尺寸公差、开裂，缺胶，凹痕，气泡，杂质，明疤	硬度、伸长率，拉伸强度，压缩永久变形
11	遇水膨胀橡胶密封垫胶料	每月同标记的膨胀橡胶产量为一批抽样	尺寸公差，开裂，缺胶，凹痕，气泡，杂质，明疤	硬度、扯断伸长率，拉伸强度，体积膨胀倍率，低温弯折
12	聚合物水泥防水砂浆	每 10 t 为一批，不足 10 t 按一批抽样	干粉类：均匀，无结块；乳胶类：液体经搅拌后均匀无沉淀，粉末均匀，无结块	7 d 黏结强度，7 d 抗渗性，耐水性

本规程用词说明

1　为便于在执行本规程条文时区别对待，对要求严格程度不同的用词说明如下：

　　1）表示很严格，非这样做不可的：

　　　　正面词采用"必须"；反面词采用"严禁"。

　　2）表示严格，在正常情况下均应这样做的：

　　　　正面词采用"应"；反面词采用"不应"或"不得"。

　　3）表示允许稍有选择，在条件许可时首先应这样做的：

　　　　正面词采用"宜"；反面词采用"不宜"。

　　4）表示有选择，在一定条件下可以这样做的，采用"可"。

2　规程中指明应按其他有关标准、规范的规定执行时，写法为"应符合……的规定"或"应按……执行"。

引用标准名录

1 《地下工程防水技术规范》GB 50108
2 《地下防水工程质量验收规范》GB 50208
3 《建筑工程施工质量验收统一标准》GB 50300
4 《工业建筑防腐蚀设计规范》GB 50046
5 《混凝土外加剂应用技术规范》GB 50119
6 《混凝土结构工程施工质量验收规范》GB 50204
7 《建筑工程施工质量验收统一标准》GB 50300
8 《混凝土结构耐久性设计规范》GB 50476
9 《建筑结构荷载规范》GB 50009
10 《建筑结构可靠度设计统一标准》GB 50068
11 《建筑气候区划标准》GB 50178
12 《屋面工程质量验收规范》GB 50207
13 《建筑装饰装修工程质量验收规范》GB 50210
14 《屋面工程技术规范》GB 50345
15 《普通混凝土拌合物性能试验方法标准》GB/T 50080
16 《普通混凝土力学性能试验方法标准》GB/T 50081
17 《普通混凝土长期性能和耐久性能试验方法标准》GB/T 50082
18 《混凝土强度检验评定标准》GB/T 50107
19 《用于水泥和混凝土中的粒化高炉矿渣粉》GB/T 18046
20 《建筑防水卷材试验方法第 9 部分：高分子防水卷材拉伸性能》GB/T 328.9
21 《建筑防水卷材试验方法 第 10 部分：沥青和高分子防水卷材不透水性》GB/T 328.10
22 《建筑防水卷材试验方法第 18 部分：沥青防水卷材撕裂性能（钉

杆法)》GB/T 328.18

23 《硅酮建筑密封胶》GB/T 14683

24 《聚氨酯防水涂料》GB/T 19250

25 《聚合物水泥防水涂料》GB/T 23445

26 《预拌砂浆》GB/T 25181

27 《住宅室内防水工程技术规范》JGJ 298

28 《混凝土用水标准》JGJ 63

29 《外墙饰面砖工程施工及验收规程》JGJ 126

30 《外墙外保温工程技术规程》JGJ 144

31 《砂浆、混凝土防水剂》JC 474

32 《增强用玻璃纤维网布第 2 部分：聚合物基外墙外保温用玻璃
纤维网布》JC 561.2

33 《单组分聚氨酯泡沫填缝剂》JC 936

34 《建筑防水涂料中有害物质限量》JC1066

35 《膨胀聚苯板薄抹灰外墙外保温系统》JG 149

36 《建筑外墙防水防护技术规程》JGJ/T 235

37 《建筑涂饰工程施工及验收规程》JGJ/T 29

38 《聚氨酯建筑密封胶》JC/T 482

39 《聚硫建筑密封胶》JC/T 483

40 《丙烯酸酯建筑密封胶》JC/T 484

41 《聚合物乳液建筑防水涂料》JC/T 864

42 《混凝土界面处理剂》JC/T 907

43 《丁基橡胶防水密封胶粘带》JC/T 942

44 《聚合物水泥防水砂浆》JC/T 984

45 《胶粉聚苯颗粒外墙外保温系统材料》JG/T 158

46 《弹性建筑涂料》JG/T 172